自然と生きる基礎知識

毒毒 植物図鑑

写真と文
川原 勝征

南方新社

はじめに

これまで、食べられる野生植物について拙著を２冊出した。１冊目の『野草を食べる』（2005年）では、一昔前まで鹿児島県内の広域で食べられてきた野生の植物で、おいしさに定評のあった植物を取り上げた。２冊目の『食べる野草と薬草』（2015年）では、前著以外の野生植物で、毒素を含まず安全に食べられる植物と、民間薬として長年にわたって身近で利用されてきた植物を掲載した。これらの流れを踏まえて今回は、山菜と誤認して食べてほしくない有毒植物などについて、野草愛好家に発信したいと考えた。

全草あるいは果実や種子などが人に対して有害な影響を及ぼす植物は、程度の差こそあれ数多くある。そこで、野生種、栽培種の別なく植物全体にわたって、「誤食によって人やペットなどを危険な状態に陥れる植物」、有毒・有害成分をもち、その汁液に触れることで「皮膚炎（かぶれ）を起こす植物」、さらに、毒素はもたないが、不用意に触れると痛い目に遭わされる「有刺植物」と、巡りくる季節ごとに全国的に多くの人々を悩ませている「花粉症の原因植物」の４部構成で編集した。

誤食による中毒被害については、スイセンをネギ科植物と見誤って食したり、キダチチョウセンアサガオの果実や蕾を誤食した結果、中毒症状に陥ったりする例がある。これらは食糧難時代に限った話ではなく、現在でもメディアでしばしば見聞きする話である。ひいては親が子どもに正しい知識を伝授しなければ、子ども自身が野外で食してしまって被害者になりかねない。

皮膚炎や口内炎を発症させる植物群には、「ウルシ科」や「サトイモ科」の植物のように高い確率で多くの人々に発症させる植物と、皮膚が敏感な人だけが発症する植物とがある。そのような植物に対して、自分の皮膚が敏感であるかどうかの認識の有無を問わず、とりあえず花壇への植え付けや採集などに際して役立つ予防知識となることを期待したい。本著を活用していただければ、正しい知識を伝承しやすくなるものと期待している。

有毒植物とはいっても、取り扱いにさえ注意すれば、植物観察や採集、花瓶に飾るなど、植物の可憐さを存分に楽しむことが可能である。事実、人々は昔からそのようにして植物を生活の一部に取り入れ、こころ豊かに生活してきた。

本著の最大の使命は、それぞれの植物を読者に正しく引き合わせることだと考えている。その思いをかなえるために、写真掲載には可能な限りの努力をしたつもりでいる。

掲載写真のいくつかは、市川聡（屋久島町）、大工園認（鹿児島市）、中村進（大阪府）、中西収（兵庫県）、向原祥隆（表紙カバー、ウマノアシガタ）の各氏に提供していただいた。これらの写真については、掲載個所などに、撮影者名を表記した。その他にも、多くの方々のご厚意を得て、本著の出版をみた。末尾に芳名を掲載することで感謝の意を表した。

また、今回も発刊に際して、南方新社の向原祥隆代表と梅北優香氏および装丁者の鈴木巳貴氏には大変お世話になった。心より謝意を表したい。

2017年 5月

この本の構成

1　本著では、有毒・有害な植物と人との関わりを下記のようにⅠ～Ⅳの４群に分けて掲載した。

2　掲載順は、Ⅰ・Ⅱ群では野生種、次いで栽培種（園芸植物）の順を基本としたが、同属など近似種をまとめて扱った部分もある。

3　本著では園芸植物を、聞きなれない和名で表記したものが多い。園芸店などでの流通名は学名の属名で表記されている場合が多く、それはその植物の属するグループ名を表しているもので、固有の名称が不明確である。

　日本では属名を、ある特定の植物だけを指しているかのように使っている場合が多い。（例）流通名「リコリス」は「ヒガンバナ属」の意味で、「ヒガンバナ」「ナツズイセン」「ショウキズイセン」「キツネノカミソリ」などを含んでいて、特定の植物を指してはいない。

4　植物の科名と属名は、最新の知見であるDNA解析に基づく「APG植物分類体系」Ⅱに従った。

目　次

有毒・有害植物の概要

Ⅰ　誤食による中毒（食中毒）

動物や植物が、体内に元々もっている有毒成分を「自然毒」という。これは、昆虫や鳥類などに、餌として食べられることを抑制するのに役立っていると考えられる。「動物性自然毒」と「植物性自然毒」の誤食による事故例を比べると、ヒトの場合は死に至るほどの重篤な例は前者の方が多いが、事故の数と患者数では後者の方が圧倒的に多いという。「動物性自然毒」以外による食中毒の９割ほどはキノコによるらしいが、本著では、キノコは「菌類」で植物には含まれないので対象にせず、花を咲かせる植物だけを対象とすることにした。

1　摂食による症状

植物による「食中毒」は、ごく軽度のもので「吐き気」を催し、比較的軽症でも「嘔吐、下痢、腹痛、胃腸障害」などを起こし、多量に摂食するなどして重症になると、「呼吸困難、心臓麻痺、痙攣」などに及び、さらには死に至ることもある。症状は、摂食後すぐに発症する場合もあれば、数時間～数日後に現れる場合もある。

2　植物性自然毒の種類

多くの種類があるので、本著に掲載した植物に関係のある有毒成分の一部を記載する。

①　アルカロイド系の毒

窒素を含むアルカリ性の分子で、神経線維に入りこんで異常を生じさせる。植物毒の大半が含まれる。

②　青酸配糖体（アミグダリン）

ウメやモモなどバラ科の未熟果実の種子に多く含まれていて、胃酸によって分解されてシアン化水素を発生する。その作用で、血圧低下、肝障害、まぶたの下垂、昏睡などを引き起こす。

③　ソラニン

ジャガイモの発芽した部分やナス科の植物に含まれる毒素で、熱に強いので煮ても毒素は分解されないで残る。激しい嘔吐、下痢、頭痛、胃炎などを起こし、重症では昏睡状態から死に至る。

④　アコニチン

トリカブトの類に含まれる猛毒で、摂食すると唇や舌のしびれから手足のしびれに続き、嘔吐、下痢、腹痛、不整脈、血圧低下を起こし、呼吸不全や痙攣を経て死に至る。食後20分以内には発症する。

《資料》　過去10年間の有毒植物による食中毒発生状況（平成16～25年）

厚生労働省

植物名	間違えやすい植物の例	事件数	患者数	死亡数
スイセン	ニラ、ノビル、タマネギ	28	122	0
バイケイソウ	オオバギボウシ、ギョウジャニンニク	26	66	0
チョウセンアサガオ	ゴボウ、オクラ、モロヘイヤ、アシタバ、ゴマ	21	57	0
ジャガイモ	※親芋で発芽しなかったイモ、光に当たって、皮がうすい黄緑～緑色になったイモの表面の部分、芽が出てきたイモの芽及び付け根部分などは食べない。	18	384	0
トリカブト	ニリンソウ、モミジガサ	18	40	3
クワズイモ	サトイモ	9	53	0
イヌサフラン	オオバギボウシ、ギョウジャニンニク、ジャガイモ、タマネギ	7	17	1
ヨウシュヤマゴボウ	モリアザミ（俗称ヤマゴボウ）	4	13	0
アジサイ	※アジサイの葉や花が料理の飾りに使われる場合があるので要注意	3	14	0
コバイケイソウ	ギョウジャニンニク オオバギボウシ	3	11	0
テンナンショウ類	トウモロコシ、タラノキの芽	3	7	0
ユウガオ	ヒョウタン	2	6	0
グロリオサ	ヤマノイモ	2	2	2
ジギタリス	コンフリー（現在は食用禁止）	2	2	0
ハシリドコロ	フキのとう、オオバギボウシ	2	7	0
その他（ベニインゲン、タマスダレなど）		44	123	0
不明		5	19	0
	合　　　計	197	943	6

Ⅱ　皮膚のかぶれ

1　「かぶれ」とは

何らかの原因物質に触れて皮膚の表面が炎症を起こす湿疹には、植物のとげや汁液などが直接皮膚に触れた場合に起きる「刺激性接触皮膚炎」のほか、化粧品やアクセサリーの金属などに触れて起きる「アレルギー性接触皮膚炎」や、日光（紫外線）の影響とも関係する「光接触皮膚炎」などがある。これらを「かぶれ」というが、本著では「刺激性接触皮膚炎」を中心に扱う。これは程度の差はあっても、誰にでも起こる可能性がある。

2　症状

・皮膚が赤く発色してたまに発熱し、腫れ上がったり、ブツブツの水ぶくれができたりする。野外での活動中に原因植物の一部に触れた場合は、患部に線状の腫れが見られることが多い。
・耐えがたいような痛みや痒みに見舞われることが多い。
・発症している部分とそうでない部分の境目がはっきり分かる。

3　発症の原因

・植物の茎や葉についている「とげ」に触れて発症する。
・サトイモ科の植物は、葉や茎・果実・球茎・根茎などの汁液に含まれる「蓚酸カルシウム」の鋭く尖った針状の結晶が、皮膚にささって痛みや痒みを感じさせる。この結晶は顕微鏡でないと見えないほどの極微小サイズで、水や血液などに溶けにくいので症状は長引く。誤食すると口内炎や胃腸炎を起こす。これが、サトイモ科の植物に共通の症状である。壺井栄著『私の花物語』には、氏が執筆のためによく利用した温泉宿の４歳くらいの男児が、信州地方で「へびのだいはち」と称されるマムシグサの実を１個噛んだだけで大変な状態に陥った様子が描写されている。
・ウルシ科の植物では、ウルシオールという物質が、キンポウゲ科ではプロトアネモニンという物質が発泡作用をもっていて皮膚に炎症を起こす。そのほか、多くの植物に発泡作用をもついろいろな物質が含まれている。
・イチジクやレモンなどの果汁には、日光（紫外線）に当たった時に刺激性を発揮する成分が含まれていて、「光接触皮膚炎」とよばれる。このような物質を含む化粧品を使用したときは、肌の敏感な人は注意を要する。

4　予防法

・大量の園芸植物を扱ったり野外活動などで植物の多い場所に入ったりするときは、暑い時期であっても、長袖の上着や長ズボン、帽子や手袋、靴下などを着用して皮膚の露出を避ける。
・作業中は汗が額や顔を伝って流れても、手や手袋で顔や目のあたりに触れない。
・かぶれる可能性があると分かっている植物の生えている場所を確認して、近づかないように心掛ける。

5　かぶれの処置

・かぶれの兆候が現れたとき、またはその可能性があるときは、石鹸を使って患部を流水で十分に洗い流す。
・痒くても掻きむしらず、氷水で冷やす。掻くと他の部分に広がることがある。
・患部に「抗ヒスタミン剤」を含む「ステロイド軟膏」を塗る。これは、野外活動をする際の携行必需品である。

Ⅲ　とげによる負傷

1　とげによる被害

イラクサを「かぶれを起こす植物」で扱ったので、この項で扱う有刺植物による被害は一過性の機械的な痛みだけである。よほど不用意に強く握るか踏みしめるかしないかぎり、おのずと備わっている神経の反射によって、深手からは逃れられそうである。

2　対策

リース飾り製作の材料としてサルトリイバラを採集にでかけるなど、予め有刺植物との出合いが予想されている場合は、軍手やとげを通さない手袋の用意が必要である。蔓を引き寄せるための鉤付きの棒でもあれば万全であろう。万が一に備えて、とげ抜きや傷薬、絆創膏も用意したい。服装も、セーターのような編み物は避けて、とげの引っかかりにくいものを着用する。

3　植物にとってのとげの役割

①　動物の攻撃（食害や踏みつけ）から身を守る

草食動物にとって、イラクサが捨て置けないくらいに旨いものでない限り、痛い思いをしてまで食おうとはしないのではなかろうか。ヒトとても、よほど邪魔でなければ放っておく。イラクサにとっては、とげを持ったことでの利点といえる。ところが、東北の人々にはその旨さが発覚してしまった。人々はミヤマイラクサを「アイコ」と愛称して、山菜の女王格にまつりあげて食するようだ。

② 乾燥から身を守る

植物のからだは、基本的に根・茎・葉からできている。そのうち葉は、呼吸のほかに蒸散作用で体内の水分量を調節している。極端に少ない降雨量と灼熱の日照り続きという、過酷な環境の砂漠に生育するサボテンは、すべての葉を針に変えることで、水分の蒸散量を限度まで抑えている。

③ 日光を獲得するのに役立つ

蔓植物は、独り立ちに必要な丈夫な細胞壁をつくるはずの養分を、他物を這い上がるエネルギーに変えた。そうして、ジャケツイバラやカギカズラなどは、からだの一部を「とげ」に変化させて、付近の植生の最上部に姿を現して、日光を十分に得ている。

4 とげの由来

① 葉が変化したとげ

サボテン、カラタチ、ハリエンジュ、メギなど

② 表皮が変化したとげ

ノイバラ、ハリギリ、サルトリイバラ、サンショウ、トゲソバなど

③ 茎や枝が変化したとげ

ジャケツイバラ、クスドイゲ、ナワシログミ、カンコノキなど

④ 葉柄が変化したとげ

ウコギ、スグリなど

⑤ 総苞片が変化したとげ

アザミ類、クリのいが

⑥ 葉針といわれるとげ

マツ、カヤ、イヌガヤ、イチイなど

Ⅳ 花粉アレルギー（花粉症）

1 花粉アレルギーとは

花粉が飛ぶ季節に発症するアレルギー性の鼻炎で、カビやダニ、動物の毛やホコ

リなどを吸いこんで起こる通年性の鼻炎と区別される。

2　症状

くしゃみ、鼻水、鼻づまり、目の痒みなどに悩まされる。風邪の症状に似ているが、風邪は１週間ほどで治る場合が多く、発熱を伴うのに対して、花粉症は発熱がなく花粉が飛ぶ季節を通して長期間続く点が異なる。花粉症のくしゃみは立て続けにでて、鼻水は粘りけがなく、鼻づまりは両方が同時につまって息苦しく、目がとても痒いなどが、風邪による症状との違いである。

3　原因となる植物

日本では約60種類ほどが報告されている。花粉が飛ぶ時期は、南北に長い日本では地域によって多少のずれはあるが、スギが１～４月、ヒノキが５～６月、カモガヤが６～８月、ブタクサ・ヨモギが８～９月と、花粉を大量に飛ばす時期はほぼ決まっている。日本人の４人に１人ほどがスギ花粉症といわれる。

4　対策

・テレビで、天気予報にあわせて花粉情報が報道されるので、花粉飛散のレベルが高いと予想される日は、可能な限り午後２時前後の不要な外出をひかえる。
・外出時には、マスクや眼鏡を使用し、花粉が付着しにくいツルツルした素材の服を着るようにし、帰宅したら、家に入る前に服をはたいて花粉を払い落とす。家に入ったら手洗いや洗顔、うがいを丁寧にする。
・部屋の湿度は50%以上に保って、花粉が舞いにくくする。
・部屋の掃除は、箒で掃いたり電気掃除機をかけたりしないで、床や家具などは水拭きする。

私は、花粉症にはかからないという根拠のない過信から、スギ花粉の舞う中で深呼吸をするなどしてふざけていたが、70歳を過ぎたら突然に発症した。どうやら、ついに私の生涯に設定されていた花粉の許容量を超えて吸い込んでしまったらしい。厄介な症状ではあるが、花粉を吹き飛ばそうとしてくしゃみをし、洗い流そうとして鼻水や涙を流し、中に入れまいとして鼻をつまらせる……、いとおしくさえ思えるような防御反応だと思い直して、素直に受け入れることにしている。

掲載植物に関する概略一覧表（掲載順）

植物名（流通名・別名）	有毒・有害部位	有毒成分	症状	頁
I－A　これまでに重篤な食中毒事故を起こした有毒植物				
ニホンズイセン	全体（球根、葉）	リコリン	嘔吐、下痢、頭痛、胃腸炎、昏睡、低体温、死、かぶれ	24
タマスダレ	全体（球根、葉）	リコリン	嘔吐、痙攣、死	24
スズランズイセン（スノーフレーク）	全体（球根）	ガランタミン	嘔吐、下痢、めまい、痙攣、脱水、死	25
サフランモドキ	全体（球根）	リコリン	嘔吐、腹痛、痙攣、皮膚の麻痺	25
バイケイソウ	全体（球根）	サイクロパミン	ひどい胃痛や嘔吐、下痢、痙攣、血圧低下、意識不明、死	26
コバイケイソウ	全体（球根）	サイクロパミン	ひどい胃痛や嘔吐、下痢、痙攣、血圧低下、意識不明、死	26
キダチチョウセンアサガオ	全体	スコポラミン、アトロピン	嘔吐、下痢、瞳孔拡大、呼吸困難、痙攣、昏睡、狂乱状態、死	27
チョウセンアサガオ（ダツラ）	全体	スコポラミン、アトロピン	嘔吐、頭痛、幻覚、痙攣、下痢、昏睡、狂乱状態、死、失明	27
ジャガイモ	芽、緑色の皮	ソラニン	嘔吐、下痢、腹痛、痙攣、呼吸困難、死	28
イヌサフラン	全体（球根）	コルヒチン	皮膚の麻痺、嘔吐、下痢、腹痛、呼吸困難、死	28
タンナトリカブト	全体（塊根）	アコニチン	嘔吐、歩行困難、臓器不全、しびれ、痙攣、呼吸困難、死	29
ハナヅル（ハナカズラ）	全体（塊根）	アコニチン	嘔吐、歩行困難、臓器不全、しびれ、痙攣、呼吸困難、死	29
マムシグサ	汁液（球根、果実）	蓚酸カルシウム	口内炎、皮膚炎、嘔吐、下痢、強い喉の刺激	30
クワズイモ	汁液（球根、果実）	蓚酸カルシウム	口内炎、皮膚炎、嘔吐、下痢、強い喉の刺激	30
アメリカヤマゴボウ（ヨウシュヤマゴボウ）	全体（果実）	フィトラッカトキシン	嘔吐、腹痛、下痢、痙攣、死、かぶれ	31
セイヨウアジサイ	全体（葉）	青酸配糖体か？	嘔吐、腹痛、めまい、痙攣	32
ハシリドコロ	全体（根茎）	アトロピン、ヒヨスチアミン	嘔吐、痙攣、昏睡、呼吸停止、死	33
ドクウツギ	果実	コリアミルチン	嘔吐、痙攣、全身硬直、呼吸麻痺、死	33
オニドコロ	全体（根茎）	ジオスチン	嘔吐、下痢、激しい腹痛	34

ツルユリ（グロリオサ）	全体	コルヒチン	嘔吐、下痢、腸痙攣、発熱、臓器不全、死	34
キツネノテブクロ（ジギタリス）	全体	ジギトキシン	嘔吐、下痢、不整脈、頭痛、めまい、視覚異常、心臓停止、死	35
Ｉ－Ｂ　誤食により重篤な食中毒を起こす可能性が高い植物				
ヒレハリソウ（コンフリー）	全体（葉、根）	エチミジン	肝臓障害、肝硬変、肝臓がん	35
カロライナジャスミン	全体（根茎）	ゲルセミン	呼吸麻痺、血圧降下、かぶれ	36
スズラン	全体（新芽）	コンバラトキシン	嘔吐、下痢、めまい、心不全、呼吸麻痺	36
シキミ	全体（果実）	アニサチン	嘔吐、下痢、意識障害、痙攣、神経障害、死	37
ムラサキケマン	全体	プロトピン	嘔吐、頭痛、意識障害、痙攣、昏睡、心臓麻痺	38
キケマン	全体	プロトピン	嘔吐、頭痛、意識障害、痙攣、昏睡、心臓麻痺	38
ホソバシュロソウ	全体（根茎）	ベラトラミン、ジェルビン	嘔吐、下痢、しびれ、痙攣、意識不明、死	39
ミズバショウ	汁液	蓚酸カルシウム	かぶれ、口内炎、嘔吐、下痢、痙攣、呼吸困難、心臓麻痺、死	39
ミチノクフクジュソウ	全体	アドニトキシン	嘔吐、呼吸麻痺、心臓麻痺、死	40
オオバナノエンレイソウ	根	サポニン	嘔吐、下痢、血圧低下	40
オオバウマノスズクサ	全体	アリストロキア酸	呼吸困難・停止、血便、腎炎、尿路癌	41
アオツヅラフジ	全体（果実）	トリロビン、マグノフロリン	腎不全、呼吸中枢麻痺、心臓麻痺	42
タマサンゴ（フユサンゴ）	全体（果実）	ソラニン	嘔吐、下痢、胃炎、腹痛、昏睡、死	43
オモト	全体	ロデイン	嘔吐、頭痛、不整脈、血圧低下、全身麻痺、運動麻痺、呼吸麻痺、心臓麻痺	43
ハダカホオズキ	全体（果実）	ソラニン	嘔吐、下痢、腹痛、胃炎、昏睡、死	44
ヒヨドリジョウゴ	全体（果実）	ソラニン	嘔吐、下痢、腹痛、胃炎、昏睡、死	44
メジロホオズキ	全体（果実）	ソラニン	嘔吐、下痢、腹痛、胃炎、昏睡、死	45
ショウキズイセン	全体（球根）	リコリン	嘔吐、下痢、呼吸・心臓麻痺	45
シロバナマンジュシャゲ	全体（球根）	リコリン	嘔吐、下痢、呼吸・心臓麻痺	45
ハマオモト（ハマユウ）	全体（鱗茎）	リコリン	嘔吐、下痢、痙攣、全身麻痺	46

ツクバネソウ	全体（果実）	パリディン	嘔吐、下痢、頭痛、瞳孔縮小、呼吸麻痺	46
クララ	全体（根）	マトリン	めまい、大脳の麻痺、呼吸停止	47
イヌホオズキ	全体（果実）	ソラニン	嘔吐、下痢、腹痛、呼吸麻痺	47
ソテツ	全体（種子、幹）	サイカシン	嘔吐、めまい、呼吸困難	48
トチノキ	全体（種子）	エスクリン、サポニン	嘔吐、下痢、しびれ、胃腸炎、胃腸障害、脱水症状	49
ツクシシャクナゲ	全体（葉）	グラヤノトキシン（ロドトキシン）	嘔吐、下痢、痙攣、呼吸困難	49
ネジキ	全体（花、葉）	リオニアトキシン	嘔吐、下痢、痙攣、全身麻痺、意識不明	50
ユズリハ	全体（果実、葉）	ダフニマクリン、ユズリン	肝障害、呼吸・心臓麻痺	50
タイツリソウ（ケマンソウ）	全体	ビククリン	嘔吐、下痢、体温低下、呼吸不全、呼吸・心臓麻痺、死	51
トウゴマ（ヒマ）	全体（種子）	リシン	胃腸管出血、肝臓・脾臓・腎臓の壊死、嘔吐、下痢、腹痛、痙攣、死	51
アマリリス	全体（球根）	リコリン	嘔吐、下痢、血圧低下、肝障害、かぶれ	52
ハウチワマメ（ルピナス）	全体（種子、葉）	ルピニン	運動機能の失調、嘔吐、呼吸不全、心臓麻痺	52
エニシダ	全体	スパルティン	嘔吐、頭痛、血圧降下、胃腸痙攣、呼吸困難、呼吸・神経・心臓麻痺	53
アミガサユリ（バイモ）	全体（球根）	フリチリン	血圧降下、呼吸・中枢神経麻痺	53
パキラ	全体（種子）	ソラニン	嘔吐、下痢、腹痛、胃炎、呼吸困難、昏睡、死	54
ホソバチョウジソウ	全体	ヨヒンビン	嘔吐、下痢、局部麻痺、血圧低下、心臓麻痺、乱脈	54
フウセントウワタ	全体	アスクレピン	嘔吐、痙攣、不整脈、心臓麻痺、皮膚炎、角膜炎	55
ニチニチソウ	全体	ビンドリン	嘔吐、下痢、中枢神経・心機能障害、痙攣、全身麻痺	55
ツルニチニチソウ	全体	オレアンドリン	嘔吐、痙攣、麻痺、幻覚	56
キョウチクトウ	全体	オレアンドリン	頭痛、嘔吐、下痢、意識障害、幻覚、心臓麻痺、死	56
Ⅰ－C　誤食により嘔吐、胃腸障害などを起こす植物				
ヘクソカズラ	全体（果実）	インドール、アルブチン	下痢、呼吸麻痺	57
オキナワスズメウリ	全体（果実）	ククルビタシンか	嘔吐、下痢、腹痛	57
オシロイバナ	全体（種子）	トリゴネリン	嘔吐、下痢、腹痛、胃腸障害	58

ミゾカクシ（アゼムシロ）	全体	ロベリン	嘔吐、頭痛、胃腸痙攣、下痢、呼吸麻痺	58
ヤブタバコ	全体（種子）	イヌリン	嘔吐、下痢、腹痛	59
アキカラマツ	全体	マグノフロリン、タカトニン	血圧降下、神経麻痺	59
リュウキンカ	全体	アルカロイド毒	下痢、腹痛、血便	60
ホウチャクソウ	全体	不明	嘔吐、下痢、腹痛	60
ツリフネソウ	全体	ヘリナル酸	嘔吐、下痢、胃腸炎	61
ヤマアイ	全体	サポニン	嘔吐、下痢、腹痛、胃腸障害、血便、血尿	62
ナガバハエドクソウ	全体	フリマロリン	嘔吐、腹痛、血尿	62
ヒガンバナ（マンジュシャゲ）	全体（球根）	リコリン	嘔吐、下痢、呼吸・心臓麻痺、かぶれ	63
オオキツネノカミソリ	全体（球根）	リコリン	嘔吐、下痢、呼吸・心臓麻痺、かぶれ	63
ナツズイセン	全体（球根）	リコリン	嘔吐、下痢、呼吸・心臓麻痺、かぶれ、痙攣	64
ツルボ	全体（球根）	プロトアネモニン	嘔吐、下痢、腹痛	64
タヌキマメ	全体	ピロリジジンアルカロイド、セネシオニン	肝臓・腎臓機能障害、がん	65
ハマナタマメ	種子	カナバリン、サポニン	胃腸障害、頭痛、痙攣、心臓麻痺、呼吸困難	65
マツカゼソウ	全体	メチルノニルケトン	下痢、腹痛	66
ニシキギ	全体（果実）	トリグリセロール	嘔吐、下痢、腹痛	66
エゴノキ	全体（果実）	エゴサポニン	胃腸障害、喉の刺激、目の充血	67
コフジウツギ	全体	サポニン、ブドレジン	腹痛、麻痺	67
ホツツジ	全体	グラヤノトキシン	嘔吐、頭痛、痙攣、発汗	68
アブラギリ	全体（種子）	エレオステアリン酸	吐き気、嘔吐、下痢、腹痛	68
シュウカイドウ	全体（葉）	蓚酸カルシウム、ベゴニン	下痢、強い腹痛、かぶれ	69
コダチベゴニア	全体	蓚酸カルシウム、ベゴニン、サイクロパミン	下痢、強い腹痛、胃腸炎、痙攣、かぶれ、奇形・脳障害	69
ホウセンカ	全体（種子）	パリナリシン、インパティニド	嘔吐、胃腸障害、子宮収縮	70
アフリカホウセンカ（インパチェンス）	全体（種子）	パリナリシン	嘔吐、胃腸炎、子宮収縮	70
ミヤマシキミ	全体（果実、葉）	シキミアニン	痙攣、血圧低下、心筋麻痺	71
トケイソウ	全体	パッションフローリン、サポナリン	多幸感、幻覚、胃腸障害	71
ウケザキクンシラン	全体	リコリン	嘔吐、下痢、脱水、痙攣	72

ムラサキクンシラン（アガパンサス）	汁液（全体）	リコリン	嘔吐、かぶれ、結膜炎、口内炎	72
アサガオ	全体（種子）	ファルビチン	嘔吐、下痢、腹痛、幻覚、血圧低下	73
シチヘンゲ（ランタナ）	全体（未熟果）	ランタニン	肝障害、嘔吐、下痢、胃の炎症、虚脱状態	73
センダン	全体（果実）	メリアトキシン、サポニン	嘔吐、下痢、胃炎、激しい腹痛、食欲不振、痙攣、呼吸停止	74

Ⅰ－D　ペットや家畜が食中毒を起こす可能性の高い植物

イヌマキ	全体（種子）	イヌマキラクトン	嘔吐、下痢	74
イチイ（アララギ）	全体（種子）	タキシン	痙攣、呼吸・心拍数減少、呼吸困難、体温低下、死	75
タマネギ　※イヌ・ネコ注意	煮汁もダメ	アリルプロピルジスルファイド	貧血、黄疸、肝機能低下、死	75
ハナニラ	全体（球根、葉）	不明	下痢、腹痛	76
オオオナモミ	幼植物	カルボキシアトラクティロシド	歩行困難、筋収縮、痙攣、呼吸・心拍数増加、低血糖	76
ナルトサワギク（コウベギク）	全体	セネシオニン	肝臓・腎臓機能障害、がん	77
セイバンモロコシ	葉	青酸化合物	呼吸困難、痙攣、昏睡、花粉症	77
アセビ（アシビ）	全体（花、葉）	アセボトキシン	嘔吐、下痢、痙攣、意識不明	78
アメリカシャクナゲ（カルミア）	全体（葉、花）	グラヤノトキシン	嘔吐、下痢、腹痛、神経麻痺	78

Ⅱ　皮膚のかぶれ

イラクサ	茎、葉の刺毛	ヒスタミン、アセチルコリン	猛烈なかゆみ（蕁麻疹）と痛み、水疱	79
ハゼノキ	全体（汁液）	ウルシオール	かぶれ	80
ヤマハゼ	全体（汁液）	ウルシオール	かぶれ	80
ヤマウルシ	全体（汁液）	ウルシオール	かぶれ	80
ツタウルシ	全体（汁液）	ウルシオール	かぶれ	81
ヌルデ	全体（汁液）	ウルシオール	かぶれ	81
イチョウ	汁液（外種皮）	ギンコール酸、ギンコトキシン	かぶれ、結膜炎、嘔吐	82
オニグルミ	汁液（未熟果皮）	ユグロン、タンニン	かぶれ	82
ウマノアシガタ	全体（汁液）	プロトアネモニン	かぶれ、嘔吐、下痢、腹痛、胃腸炎	83
キツネノボタン	全体（汁液）	プロトアネモニン	かぶれ、嘔吐、下痢、腹痛、胃腸炎	83
タガラシ	全体（汁液）	プロトアネモニン	かぶれ、嘔吐、下痢、腹痛、胃腸炎	84
センニンソウ	全体（汁液）	プロトアネモニン	かぶれ、嘔吐、下痢、腹痛、胃腸炎、痙攣	84

ボタンヅル	全体（汁液）	プロトアネモニン	かぶれ、嘔吐、下痢、腹痛、胃腸炎、痙攣	85
シロバナハンショウヅル	全体（汁液）	プロトアネモニン	かぶれ、下痢、神経麻痺、死	85
タカネハンショウヅル	全体（汁液）	プロトアネモニン	かぶれ、下痢、神経麻痺、死	86
ヤマハンショウヅル	全体（汁液）	プロトアネモニン	かぶれ、下痢、神経麻痺、死	86
テッセン（クレマチス）	全体（汁液）	プロトアネモニン	かぶれ、下痢、神経麻痺、死	87
イチリンソウ	全体（汁液）	プロトアネモニン	かぶれ、嘔吐、下痢、腹痛、胃腸炎	87
オオヤマオダマキ	全体（汁液）	プロトアネモニン	かぶれ、嘔吐、下痢、胃腸炎、心臓麻痺、心停止	87
オキナグサ	全体（汁液）	プロトアネモニン	かぶれ、嘔吐、腹痛、痙攣	88
ヒメウズ	全体（汁液）	プロトアネモニン	かぶれ、嘔吐、胃腸炎、心臓疾患、呼吸困難	88
ウラシマソウ	汁液（球根、果実）	蓚酸カルシウム	かぶれ、発疱、嘔吐、下痢、口内炎、胃炎	89
オオハンゲ	汁液（球根、果実）	蓚酸カルシウム	かぶれ、発疱、嘔吐、下痢、口内炎、胃炎、強い喉の刺激	89
カラスビシャク	汁液（球根、果実）	蓚酸カルシウム	かぶれ、発疱、嘔吐、下痢、口内炎、胃炎	90
ヤマゴンニャク	汁液（球根、果実）	蓚酸カルシウム	かぶれ、発疱、嘔吐、下痢、口内炎、胃炎、強い喉の刺激	90
ヒメテンナンショウ	汁液（球根、果実）	蓚酸カルシウム	かぶれ、発疱、嘔吐、下痢、口内炎、胃炎、強い喉の刺激	91
ムサシアブミ	汁液（球根、果実）	蓚酸カルシウム	かぶれ、発疱、嘔吐、下痢、口内炎、胃炎、強い喉の刺激	91
ユキモチソウ	汁液（球根、果実）	蓚酸カルシウム	かぶれ、発疱、嘔吐、下痢、口内炎、胃炎、強い喉の刺激	92
ツクシヒトツバテンナンショウ	汁液（球根、果実）	蓚酸カルシウム	かぶれ、発疱、嘔吐、下痢、口内炎、胃炎、強い喉の刺激	92
イワタイゲキ	全体（汁液）	オイフォルビン酸、オクタコサール	皮膚炎、鼻炎、結膜炎、口・喉の炎症、嘔吐、下痢、重い胃腸炎、めまい、痙攣	93
タカトウダイ	全体（汁液）	ユーフォルビン	かぶれ、嘔吐、下痢、胃腸炎	93
コニシキソウ	全体（汁液）	ホルボールエステル	かぶれ	94
ナンキンハゼ	汁液（種子の油）	ジテルペン酸エステル	かぶれ、嘔吐、下痢、腹痛	94

カクレミノ	全体（汁液）	ウルシオール	かぶれ	95
キヅタ（フユヅタ）	全体（汁液）	ファルカリノール、ヘデリン	かぶれ、嘔吐、下痢、腹痛	95
セイヨウキヅタ（ヘデラ）	全体（汁液）	ファルカリノール、ヘデリン	かぶれ、嘔吐、下痢、腹痛	96
クサノオウ	全体（汁液）	ケリドニン	かぶれ、嘔吐、下痢、痺れ、昏睡、呼吸麻痺、死	96
オオイタビ	全体（汁液）	フロクマリン	かぶれ	97
タケニグサ（チャンパギク）	全体（汁液）	サンギナリン、プロトピン	かぶれ、嘔吐、下痢、痙攣、血圧降下、心臓麻痺、呼吸麻痺	98
オトギリソウ	全体（汁液）	ヒペリシン	かぶれ（接触後紫外線に当たった場合）	98
サワギキョウ	全体（汁液）	ロベリン	かぶれ、下痢、嘔吐、血圧降下、心臓麻痺、死	99
テイカカズラ	全体（汁液）	トラチェロシド	かぶれ、嘔吐、下痢、腹痛	99
コクサギ	全体（汁液）	オリキシン、スキアニン、キノリンアルカロイド	かぶれ、痙攣、心臓麻痺	100
ヤツデハナガサ（クリスマスローズ）	全体（汁液）	ヘレブリン	かぶれ、水疱、嘔吐、痙攣、不整脈、心臓麻痺・停止	100
シュウメイギク	全体（汁液）	プロトアネモニン	かぶれ、水疱、胃腸障害	101
ボタンイチゲ（アネモネ）	全体（汁液）	プロトアネモニン	かぶれ、水疱、化膿	101
ハナキンポウゲ（ラナンキュラス）	全体（汁液）	プロトアネモニン	かぶれ、水疱、口内炎、下痢	102
シクラメン	全体（汁液）	シクラミン	かぶれ、嘔吐、下痢、痙攣、胃腸炎、死	102
セイヨウサクラソウ（プリムラ）	全体（汁液）	プリミン	かぶれ、肌の変色（葉が直接当たった場合）	103
アオノリュウゼツラン	全体（汁液）	不明	かぶれ（蕁麻疹）	103
オオベニウチワ（アンスリウム）	全体（汁液）	蓚酸カルシウム	かぶれ、胃腸障害	104
カイウ（カラー）	全体（汁液）	蓚酸カルシウム	かぶれ、胃腸障害、口内炎、舌炎	104
スパティフィラム	全体（汁液）	蓚酸カルシウム、ガランタミン	かぶれ、嘔吐、下痢、めまい	105
オウゴンカズラ（ポトス）	全体（汁液）	蓚酸カルシウム	かぶれ、結膜炎、口内炎	105
ホウライショウ（モンステラ）	全体（汁液）	蓚酸カルシウム	かぶれ、口内炎、胃腸障害	105
ニシキイモ（カラジウム）	全体（汁液）	蓚酸カルシウム	かぶれ、、口内炎、舌炎、下痢、胃腸障害	106
ジンチョウゲ	全体（汁液）	ダフネチン	かぶれ、口内炎、胃炎	106
ショウジョウボク（ポインセチア）	全体（汁液）	フォルボールエステル、ユーフォルビン	かぶれ、水疱、嘔吐、下痢、がん	107
ショウジョウソウ	全体（汁液）	フォルボールエステル	かぶれ、水疱、嘔吐、下痢、がん	107

クロトン	全体（汁液）	テルペンエステル	かぶれ、水疱、嘔吐、下痢、腹痛	108
ハツユキソウ	全体（汁液）	フォルポールエステル	かぶれ、結膜炎、口内炎	108
ハナキリン	全体（汁液）	フォルポールエステル	かぶれ、嘔吐、下痢、胃痙攣、神経麻痺	109
ニシキジソ（コリウス）	全体（汁液）	コレオン	かぶれ	109
ミツマタ	全体（汁液）	クマリン配糖体	かぶれ、下痢、腹痛、口内炎、胃炎	110
チューリップ	全体（汁液）	ツリパリン	かぶれ、嘔吐、下痢、心臓麻痺	110
ユリズイセン（アルストロメリア）	全体（汁液）	ツリパリン	かぶれ	111
ヤドリフカノキ（カポック）	全体（汁液）	蓚酸カルシウム	かぶれ	111
ノウゼンカズラ	全体（汁液）	ラパコール	かぶれ、目の炎症・失明	112
ハナミズキ	全体（汁液）	不明	かぶれ	113
Ⅲ　とげによる負傷				
メリケントキンソウ	果実のとげ	－	鋭いとげによる外傷	114
ハリビユ	茎、花序のとげ	－	鋭いとげによる外傷	114
トマトダマシ	茎、果実のとげ	－	鋭いとげによる外傷	115
キンギンナスビ	茎、葉のとげ	－	鋭いとげによる外傷	115
ワルナスビ	茎、葉のとげ	－（ソラニン）	鋭いとげによる痛み、嘔吐、下痢、腹痛	116
ジャケツイバラ	茎、枝のとげ	－（タンニン）	鋭いとげによる外傷、嘔吐	116
サルトリイバラ	茎、枝のとげ	－	鋭いとげによる外傷	117
Ⅳ　花粉アレルギー（花粉症）				
スギ	花（花粉）	－	花粉症	118
ヒノキ	花（花粉）	－	花粉症	118
オオバヤシャブシ	花（花粉）	－	花粉症	119
カモガヤ	花（花粉）	－	花粉症、皮膚のかゆみ	119
スズメノテッポウ	花（花粉）	－	花粉症、皮膚のかゆみ	120
ホソムギ	花（花粉）	－	花粉症、皮膚のかゆみ	120
ブタクサ	花（花粉）	－	花粉症	121
オオブタクサ	花（花粉）	－	花粉症	121
ヨモギ	花（花粉）	－	花粉症	122
ギシギシ	花（花粉）	－	花粉症	122
カナムグラ	花（花粉）	－	花粉症	123
カラムシ	花（花粉）	－	花粉症	123

本書で使用している用語の解説

《植物の性》 イチョウ、ソテツ、ヤマモモなどのように、雄花だけの株（雄株）と雌花だけの株（雌株）とに分かれているものを**雌雄異株**といい、雄花と雌花が同じ株についているものを**雌雄同株**という。雌雄同株は、ヘチマのように雄花と雌花の区別がある**雌雄異花**と、ユリのように１つの花に雄しべと雌しべがそろっている**両性花**とに分けられる。

《植物の寿命》 春に発芽し秋に結実する草本植物を**一年草**といい、秋に発芽し翌年に結実する草本植物を**二年草**または**越年草**という。これに対して、地下部に栄養を蓄え、その場で何年も継続して生育できる植物を**多年草**という。

《樹木の高さ》 幹が直立する植物で、一般に高さが10メートル以上に伸びるものを**高木**といい、数メートル以下のものを**低木**、その中間のものを**小高木**というが、幅があって明確ではない。

《茎のつくり》 茎の中が詰まっているのを**中実**、空洞になっているのを**中空**という。

《葉のつくりと各部の名称》 葉の主要部分を**葉身**といい、葉身が複数に分かれている葉を**複葉**、そうでないものを**単葉**という。また、葉身と茎とにはさまれた棒状の部分を**葉柄**、葉のつけ根にあって葉のように見える部分を**托葉**という。さらに、葉の縁にある鋸の歯状の凹凸を**鋸歯**といい、鋸歯の縁にさらに細かい凹凸があるものを**重鋸歯**という。これらに対して、葉の縁が滑らかで凹凸がない状態を**全縁**という。

《複葉の形に関する用語》 複葉を構成している、１枚の葉のように見える部分を**小葉**という。小葉のうち、先端についているものを**頂小葉**、横向きについているその他の小葉を**側小葉**という。葉柄の先端部に３枚以上の小葉がついている場合を**掌状複葉**という。小葉が３枚の掌状複葉を**三出複葉**といい、三出複葉の側小葉が２枚に分かれて鳥足状になったものを**鳥足状複葉**という。葉軸にそって多くの小葉がついている複葉で、先端に頂小葉があって全体の小葉の数が奇数枚のものを**奇数羽状複葉**、頂小葉がなくて先端部も２枚に終わっているものを**偶数羽状複葉**という。

《単葉の形に関する用語》 葉身が鶏の卵のような形で基部が最も幅広ければ**卵形**、逆に先端部が最も幅広ければ**倒卵形**という。細長い葉で、基部が最も幅広ければ**披針形**、逆に先端部が最も幅広ければ**倒披針形**、中央部が最も幅広いものを長さに応じて**楕円形**、**長楕円形**などという。

《葉の基部の形に関する用語》 ハート形にくぼむ形を**心形**、丸ければ**円形**、葉柄に向かってしだいに狭くなる形を**くさび形**、直線状になって、葉柄に対してほぼ直角になっている形を**切形**という。

《**葉のつき方**》　２枚の葉が、茎をはさんで反対方向に出るつき方を**対生**という。これに対して、１つの節に葉が１枚ずつ出るつき方を**互生**、１つの節から３枚以上の葉が出るつき方を**輪生**という。輪生状でも間隔が詰まっているだけの場合もある。

《**花のつき方**》　花の集まりそのものや花の集まりの様式を**花序**という。

総状花序　長い花軸の各所に、柄のある花を多数つけた形。（例）フジ、アブラナ

穂状花序　長い1本の花軸上に、小さい無柄の花が多数咲く形。（例）ネジバナ

散房花序　花柄の長さが下部のものは長く、上部になるに従って次第に短くなり、花がほとんど一平面に並んで咲く形。（例）ヒメジョオン、ミズキ

散形花序　主軸の先端部から多数の花柄が出て、傘状に広がる形。（例）ニンジン、サクラソウ

頭状花序、頭花　キク科の花のように、多くの花が集まって１個の花に見えるもの。キク科の舌状花では、花弁は１枚のように見えるが５枚の花弁がくっついた合弁花で、雄しべ・雌しべ・萼など全てを備えている。頭花の中心部に、花弁のない管状花（筒状花）をもつものも多い。

肉穂花序　肉厚な花軸の周囲に、多数の無柄の小花をつけた形。（例）オモト、コンニャク、マムシグサ

《**本著に記載したその他の用語**》

花被　花びらよりも外側についている部分をまとめて萼といい、萼と花びらをあわせた全体を花被とよぶ。

仮種皮　種子の外側を包んでいる種皮の、さらに外側を覆っている特別なものをいう。（例）マユミ

穎　イネ科植物の小穂に見られる鱗状の包葉

花床　花柄の先端で、雄しべ、雌しべ、花びら、萼がつく部分

花嚢　イヌビワやイチジクのように、内部に花ができていて、外見が果実のように見えている部分。雌株ではやがて果嚢になる。

距　一番下の花弁の一部が筒状になった部分で、蜜が入っている。

絶滅危惧植物　現在、生存している個体数が減少しており、絶滅の恐れが極めて高い野生植物。以下のように分けられる。

・絶滅危惧1A類　ごく近い将来、絶滅の危険性の高い植物

・絶滅危惧1B類　1A類ほどでないが近い将来に絶滅の危険性の高い植物

・絶滅危惧2類　絶滅の危機が増大している植物

・準絶滅危惧種　絶滅の危険度は小さいが、生息条件の変化によって絶滅危惧に移行する可能性のある植物

装飾花（そうしょくか）　セイヨウアジサイのように、雄しべや雌しべが退化して、花びらや萼が発達した花

属名（ぞくめい）　生物の分類に用いる学問上の世界共通の名称は、ラテン語を用いて、属名と種小名による二名法で表す。基本的な体の構造や性質がほとんど共通であり、些細な部分でのみ区別できる種のまとまりは同じ属となる。

流通名（りゅうつうめい）　外国産の園芸植物の多くは、カタカナを用いて属名などで表記されて流通している場合が多い。属名はグループ名を表してもいるので、どの種をさすかが不明。そのため本著では、一般になじみは薄いが、和名で表記した。（例）流通名：プリムラ→和名：セイヨウサクラソウ（西洋桜草）　流通名：カラジウム→和名：ニシキイモ（錦芋）

芒（のぎ）　イネ科植物の小穂を構成する鱗片（穎）の先端にある棘状の突起

風媒花（ふうばいか）　受粉のための花粉の運搬を風に頼る花

苞葉（ほうよう）　花や花序の基部にあって、蕾を包んでいた葉

仏炎苞（ぶつえんほう）　肉穂花序を包む大形の苞葉

蜜腺（みつせん）　被子植物で蜜を分泌する器官あるいは組織

ムカゴ　植物の栄養繁殖器官のひとつで、葉が肉質となることによりできる鱗芽（りんが）と、茎が肥大化してできる肉芽（にくが）とに分けられる。（例）前者はオニユリ、後者はヤマノイモ

植物各部の名称

●葉の各部分の名称

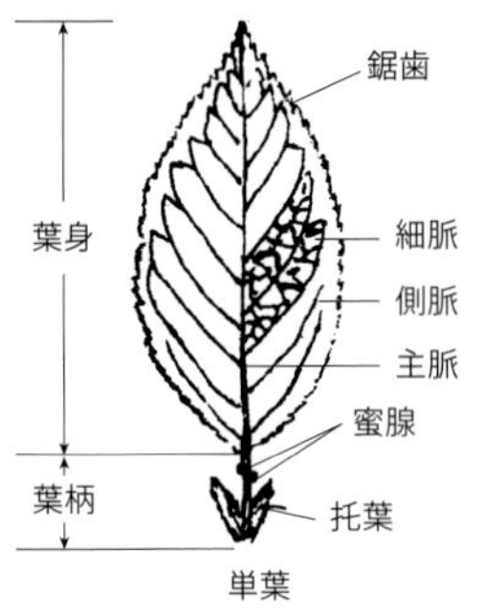

単葉

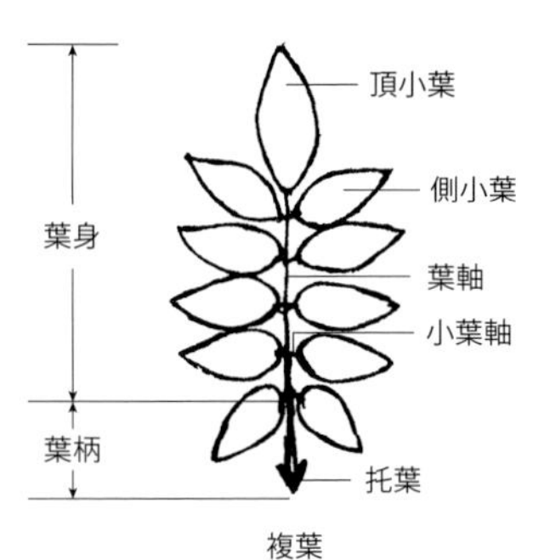

複葉

●葉のつきかた

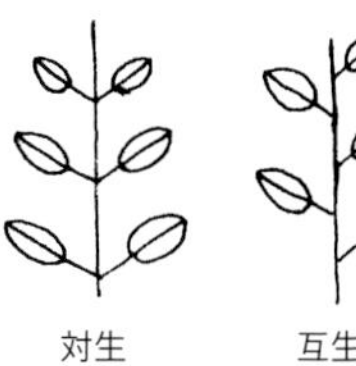

対生　互生　輪生

●葉の切れ込み

浅裂　中裂　深裂

●複葉の形

奇数羽状複葉　偶数羽状複葉　三出複葉　掌状複葉

●葉の縁のかたち

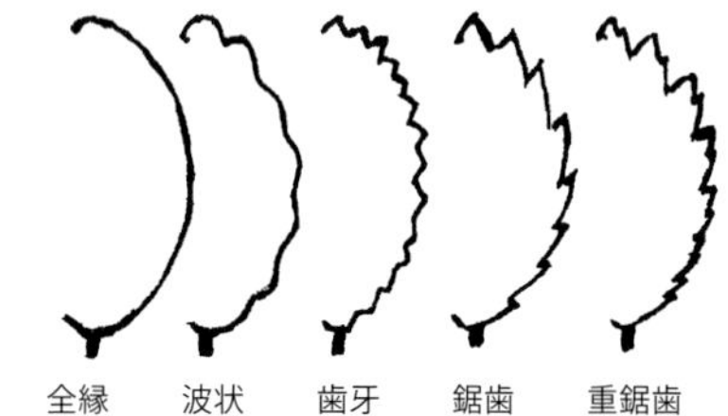

全縁　波状　歯牙　鋸歯　重鋸歯

●葉の形

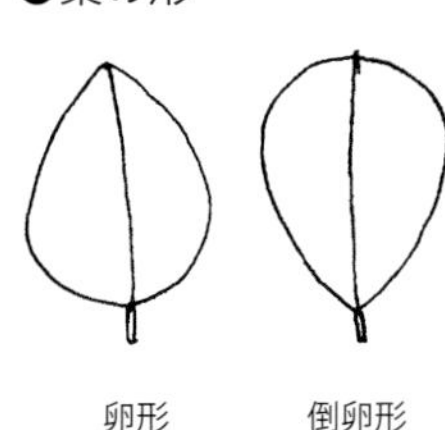
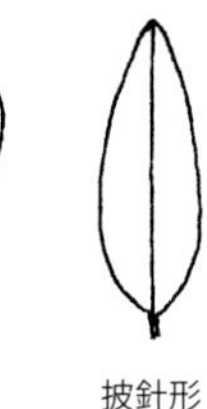
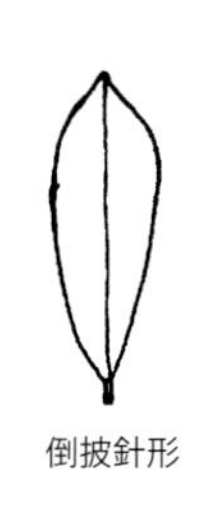

卵形　倒卵形　披針形　倒披針形

●葉脈

三出脈　葉脈が縁に届く　葉脈が縁に届かない

●葉の基部の形

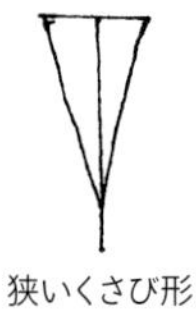

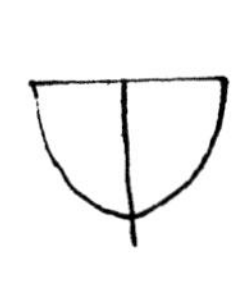
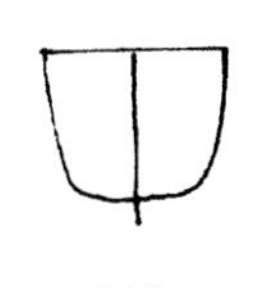
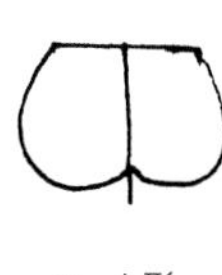

狭いくさび形　くさび形　広いくさび形　円形　切形　ハート形

毒毒植物図鑑

ニホンズイセン（日本水仙）

Narcissus tazetta var. chinensis　**ヒガンバナ科**

分布と生育環境：全国の日当たりの良い草地の斜面など

●形態　多年生の球根植物で、早春に海岸近くや鉄道線路脇の斜面に大群落を作って、楽しませてくれる場所が全国各地にある。**●有毒成分と症状**　球根にリコリンなどのアルカロイドを含み、汁液がつくと皮膚炎を起こし、食べると嘔吐、下痢、頭痛、昏睡、低体温などを起こし、死ぬこともある。葉をニラの葉と勘違いして、餃子に混ぜ込んだため食中毒を起こしたという事故が後を絶たない。球根をノビルと見誤った事故もあるので要注意。2017年５月にも葉をニラと誤った中毒事故が発生した。ネギ科に特有の臭みがないので区別は簡単。

ニホンズイセン

小杯ズイセン

ラッパ咲きスイセン

タマスダレ（玉簾）

Zephyranthes candida　**ヒガンバナ科**

原産地：アルゼンチン、ウルグアイ

●形態　花壇の縁取りとして植栽されているのをよく見かける。葉は濃い緑色で棒状に細長く、ニラやノビルの葉に似て見える。花期は８～10月頃で、純白の６花弁をもつ花を、茎頂に１個だけ咲かせる。**●有毒成分と症状**　全草特に球根にリコリンというアルカロイド成分が含まれており、誤食すると嘔吐、痙攣の症状を起こす。葉をニラやアサツキの葉と、球根をノビルの球根と勘違いして食中毒を起こした例が多数報告されている。

花

タマスダレ

球根と葉、花茎

スズランズイセン（鈴蘭水仙）

Leucojum aestivum　ヒガンバナ科

原産地：中部ヨーロッパ　流通名：スノーフレーク

花（スノードロップ）

●形態　高さ30㎝前後の多年生の球根植物。花期は冬の終わりから早春にかけてで、花は内外３枚ずつの合計６枚の純白の花弁からなり、花弁の先端近くに緑の斑点がある。名は花がスズランに、葉が水仙に似ることによるが、似た名前のスノードロップとは属が異なる。●有毒成分と症状　有毒アルカロイドのガランタミンを含み、球根を誤食すると嘔吐、下痢、めまいを起こす。ネギ科の植物との誤食は、ネギ臭の有無で避けられる。

スズランズイセン（スノーフレーク）

花（スノーフレーク）

サフランモドキ（サフラン擬き）

Zephyranthes carinata　ヒガンバナ科

原産地：西インド諸島、メキシコ

花

●形態　高さ25㎝ほどの球根植物。花期は６～９月で、色はピンク。花の直径は６㎝ほどで、雄しべは６本。アヤメ科のサフランの花によく似ていて、渡来当初は「サフラン」と誤称されていたという。花壇の縁から逸出して野生化もしている。●有毒成分と症状　リコリンを含み有毒、誤食で嘔吐、腹痛を起こす。葉をニラ、球根をノビルと見誤った報告例が多い。球根の外皮が黒褐色で、全体にタマネギ臭がしないので、区別は容易。

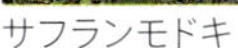
サフランモドキ

球根と葉、花茎

バイケイソウ（梅蕙草）

Veratrum album subsp. oxysepalum　**メランチウム科**

分布と生育環境：北海道〜九州の亜高山帯の林内や湿地

●形態　高さ150㎝前後になる大形の多年草で、７月前後に、直径２㎝ほどの緑白色の花が房状に多数集まって咲く。芽生えが山菜として好まれるオオバギボウシ（山菜名：ウルイ）に似ていて同じような場所に生えるために誤食され、中毒例が毎年報告される。オオバギボウシは葉柄があるが、本種は無柄である。誤って口にしても毒由来の不快な苦味があるので早めに気づいて難を逃れてほしい。**●有毒成分と症状**　全草特に球根にサイクロパミンなどのアルカロイドを含み、激しい胃痛や嘔吐、血管拡張による血圧低下を引き起こし、重症では意識を喪失して死に至る。

バイケイソウ（撮影：中村進氏）

花序（撮影：同）

花

コバイケイソウ（小梅蕙草）

Veratrum stamineum　**メランチウム科**

分布と生育環境：本州中部〜北海道の山地から亜高山の草地や湿地

●形態　高さ１ｍほどになる多年草で、湿地に群生する。葉は長楕円形で硬く光沢があり、明瞭な葉脈が通っていて互生する。花期は６〜８月で、白い花を穂状に咲かせる。花序の中央に立つ部分に両性花、枝分かれしている部分に雄花が咲くという咲き分けをする。**●有毒成分と症状**　若芽がノカンゾウなどの山菜の芽立ちに似ているので誤って採集され、毎年食中毒が発生している。特に球根が有毒。症状はバイケイソウに同じ。

種子

コバイケイソウ（撮影：すべて中西収氏）

花

果実

キダチチョウセンアサガオ（木立朝鮮朝顔）　*Brugmansia suaveolens*　ナス科

原産地：ブラジル南部

●**形態**　高さ２m前後になる常緑低木で、夏から秋まで、芳香のある花を下向きに咲かせる。花は白色で、長さ25㎝前後。これを食べて死者や中毒者が出たという報道を時々見かけるが、蕾か果実をオクラとでも見まちがえて食べたのだろう。暖地では野生状態で生育し、藪払いで切られても絶えることがない。●**有毒成分と症状**　スコポラミンを含み、誤食すると嘔吐、瞳孔拡大、呼吸の乱れ、呼吸困難、痙攣などを引き起こす。

オクラそっくりの果実

キダチチョウセンアサガオ　オクラ似の蕾　花（下向きに咲く）　葉

チョウセンアサガオ（朝鮮朝顔）　*Datura metel*　ナス科

原産地：熱帯アメリカ　流通名（属名）：ダツラ

●**形態**　草丈１m前後の一年草で全草に臭気がある。葉は幅10㎝、長さ15㎝ほどの卵形。夏～秋に長さ13㎝前後で漏斗状の白花を上向きに咲かせる。果実は直径３㎝ほどの球形で、短いとげが多数ついている。●**有毒成分と症状**　スコポラミン、アトロピンを含み、汁液が眼に入ると失明の恐れがあるほか、食べると嘔吐、頭痛、幻覚、痙攣を起こす。本種を浸けていた水を誤飲しただけで中毒を起こした例もあるという。

とげだらけの果実

チョウセンアサガオ（ダツラ）

花（上向きに咲く）

葉

ジャガイモ

Solanum tuberosum　**ナス科**

原産地：南米アンデス山脈の高地　別名：バレイショ（馬鈴薯）

●有毒成分と症状　ジャガイモの芽や日光に当たって緑色になった皮の部分には、ソラニンという有毒成分が多く含まれ、それを食べると20分ほどで嘔吐、下痢、腹痛の症状が現れ、場合によっては痙攣や呼吸困難を発症する。また、収穫時にみかける小芋も同様の症状を起こすことがあるが、学校園で児童自身が栽培した芋による事故がほとんどで、市販の大きな芋で起こる事故は皆無に近いという。収穫後の芋は暗い場所に保管しておき、発芽部分の周囲を深く除去し、緑色の皮は厚くむいて調理することを怠らないことが大事。

発芽したジャガイモ

皮が緑変したジャガイモ

イヌサフラン（犬サフラン）

Colchicum autumnale　**イヌサフラン科**

原産地：欧州中南部～北アフリカ

●形態　机上に球根を転がしておいても秋には開花する。乾燥させた雌しべが香辛料として利用されるアヤメ科のサフラン（属名：クロッカス）によく似ているが、２種は全くの別物で、サフランの雄しべが３本であるのに対して、イヌサフランは６本である。**●有毒成分と症状**　花、根、茎、葉など植物全体にアルカロイド系の猛毒コルヒチンを含み、誤食すると皮膚の感覚が麻痺したり、嘔吐、下痢、腹痛、呼吸困難を起こしたりして、微量でも死ぬ。葉をギョウジャニンニクやオオバギボウシに、球根をタマネギと誤認して死者が出ている。

イヌサフラン（周囲は笹の葉）雄しべは６本　イヌサフラン　クロッカス（ハナサフラン）雄しべは３本

タンナトリカブト（丹那鳥兜）

Aconitum japonicum subsp. napiforme　キンポウゲ科

分布と生育環境：近畿〜九州の山地の林縁や草原

果実

●形態　直立して１m前後になる多年草。葉は深く３裂して短い柄でつながる。花期は８〜10月で、長さ３㎝ほどの花が下から咲きあがる。日本に40種ほどの仲間が生育する中で、本種が最も普通種。●有毒成分と症状　特に塊根に猛毒のアコニチンを含み、汁液を飲むと唾液を垂らし、嘔吐、歩行や呼吸困難、臓器不全、全身の痙攣などを経て死に至る。今のところ解毒剤はないという。

タンナトリカブト（撮影：すべて大工園認氏）　花

ハナヅル（花蔓）

Aconitum japonovolubile　キンポウゲ科

分布と生育環境：九州の薄暗い林床　別名：ハナカズラ

果実

●形態　蔓の基部が直立し、先端は蔓状になって他物に絡みながら２mほどになる。葉は幅10㎝長さ12㎝ほどで、細かく切れ込んでいて、小葉には短い柄がある。花期は９〜10月で、トリカブトにそっくりの花は舞楽でかぶる冠に似ていて、青紫色で長さ４㎝ほど。果実は袋状をしている。霧島山には数カ所の生育地があって、マナーを守って観察に訪れる人が多い。●有毒成分と症状　上記のタンナトリカブトと同様である。

ハナヅル　茎は蔓状

花

葉

マムシグサ（蝮草） *Arisaema serratum* サトイモ科

分布と生育環境：関東〜九州の山地や原野

果実（完熟）

●形態　高さ80㎝前後の多年草。茎には紫褐色のまだら模様があって、マムシの体表にそっくり。上部についている葉は２枚で、それぞれ10個前後の小葉に分かれる。５月頃に葉よりも上に花茎を立てて開花する。仏炎苞は紫色で、白線が入る。花は棒状で苞の中に直立する。果実は美しい緑色の後、朱赤色に熟す。**●有毒成分と症状**　不溶性の蓚酸カルシウムの尖った針状結晶を含み、果実を噛むと激しい口内炎や皮膚炎を起こす。

マムシグサ　株　果実（未熟）　花　葉の一部（小葉）

クワズイモ（食わず芋） *Alocasia odora* サトイモ科

分布と生育環境：四国南部、九州〜沖縄の低地の林床

果実（完熟）

●形態　地表近くにあるのは芋ではなくて棒状の根茎で、葉柄は１mを超え長さ60㎝ほどの葉身をつけている。花期は初夏頃からで、仏炎苞の基部は緑色の筒状。花穂は黄白色で筒から抜き出ている。果実が熟すと仏炎苞は落ちて、朱赤色の果実が目立つ。ホテルのロビーや広い会議室などの装飾用として、鉢植えの大株が置かれているのをよく見かける。**●有毒成分と症状**　マムシグサに同じ。汁液に触れるだけでも皮膚炎を起こす。

クワズイモの群落

花

葉

アメリカヤマゴボウ（アメリカ山牛蒡）　*Phytolacca Americana*　ヤマゴボウ科

分布と生育環境：各地の人里の荒れ地や草地　別名：ヨウシュヤマゴボウ（洋種山牛蒡）

●**形態**　高さ1.5m前後に生長し、茎は太く無毛で赤みを帯びる。花は白〜淡いピンク。果実は球を押し潰した形で、秋に黒紫色に熟す。潰すと濃い赤紫色の汁液ができるので、染料にしたり子どもがままごとに使ったりした。●**有毒成分と症状**　全草にサポニンのフィトラッカトキシンを含み、誤食で腹痛、嘔吐、下痢、痙攣を起こし、汁液で皮膚がかぶれる。子どもがままごと遊びで誤飲することがないように見守りが必要。モリアザミの根をヤマゴボウと称する地方は、名前による勘違いからの誤食に要注意。

アメリカヤマゴボウ　花（左下）は垂れて咲く

果実は垂れてつく　マルミノヤマゴボウ　株（花も果実も上向き）　マルミノヤマゴボウ　花　マルミノヤマゴボウ　果実

セイヨウアジサイ（西洋紫陽花）　*Hydrangea macrophylla*　アジサイ科

分布と生育環境：全国の川の堤防や公園の明るい場所

●形態　梅雨に映える落葉低木。装飾花だけが多数集まって、こんもりと咲くアジサイはセイヨウアジサイと称し、日本原産の楚々としたガクアジサイがヨーロッパに渡り、艶やかに品種改良されて里帰りしたもの。現在見かける多くのアジサイは、その後に日本でさらに作り出されたものという。**●有毒成分と症状**　成分は今のところ不明だが、花や広くて軟らかい葉を料理の盛り合わせの下敷きに使用する人があり、それごと食べて腹痛や嘔吐、めまいを発症した例が、過去に多数報告されている。厚労省が誤食に関する注意喚起を通知している。

セイヨウアジサイ　左下は装飾花

ガクアジサイ　左は果実、装飾花と両性花

葉

ヤマアジサイ（別名：サワアジサイ）

ハシリドコロ（走り野老）

Scopolia japonica　**ナス科**

分布と生育環境：本州、四国、九州の湿った山間地

●**形態**　高さ40㎝前後の多年草。花期は４～５月で暗い赤紫色の釣鐘状の花を咲かせる。夏には枯れるので、春にしか見られない。和名は、誤食した人があまりの苦しさに走り回る様子からという。壮絶な光景が想像される。●**有毒成分と症状**　全体特に根茎にヒヨスチアミン、アトロピンを含み、誤食すると嘔吐、痙攣、昏睡、呼吸停止を招く。青々として山菜のように見える芽生えを「フキのとう」や「オオバギボウシ」と勘違いしての誤食が報告されているので要注意。「フキのとう」の芽生えは白い綿毛に覆われているのも区別点。

ハシリドコロ（撮影：すべて中村進氏）

花

ドクウツギ（毒空木）

Coriaria japonica　**ドクウツギ科**

分布と生育環境：近畿以北の山地や河川敷

●**形態**　高さ1.5m前後の落葉低木。葉は卵状楕円形で３本の葉脈が目立ち、15対前後が対生して、羽状複葉のように見える。春に黄緑色の５花弁の小花が集まって咲き、果実は赤色から黒紫色へと熟す。●**有毒成分と症状**　ドクゼリ、トリカブトとともに日本三大有毒植物のひとつとされる。果実に猛毒のコリアミルチンという神経毒を含み、微量を食べても、激しい嘔吐を繰り返しながら七転八倒し、全身が痙攣し意識を失い死に至るという。熟した果実がおいしそうに見え、実際に少し甘みがあるために、戦前は子どもによる食中毒死事故が多かったという。

ドクウツギ（撮影：中村進氏）

果実

オニドコロ（鬼野老）

Dioscorea tokoro　ヤマノイモ科

分布と生育環境：北海道〜九州の山野の道路脇などに普通

果実

●形態　雌雄異株の多年草。葉は長さと幅が10㎝ほどのほぼ円形で、基部は心形、先端は尖り、長さ５㎝ほどの柄で互生する。花期は７〜８月で、葉の脇に淡緑色の花序がつくがムカゴはできない。果実はやや細長くて上向きにつき、３個の翼がある。形が似ているマルバドコロにはムカゴができるが、果実はできない。●有毒成分と症状　根茎にジオスチンほか溶血成分を含み、少量でも口内から消化器内にかけて激しい痛みが生じる。

オニドコロ　上は雄花（左）と雌花（右）、下は塊茎　オニドコロ（上）とマルバドコロ（下）

ツルユリ（蔓百合）

Gloriosa superba　イヌサフラン科

原産地：アフリカ　流通名（属名）：グロリオサ

赤花

●形態　高さ３ｍにも生長する多年草で、葉の先端が巻きひげになって他物に絡み付く姿は変わっている。花弁の色が鮮やかで大きく反り返る姿が炎のように美しく、花材として園芸店で売られている。●有毒成分と症状　有毒アルカロイドのコルヒチンを含み、誤食すると嘔吐、下痢、腸痙攣を起こす。致死量の値が小さく、臓器の機能不全を引き起こして死に至る。地下部はヤマノイモにそっくりだが、粘り気がないので違いが分かる。

ツルユリ（グロリオサ）

黄花

葉（先端の巻ひげで絡む）

キツネノテブクロ（狐の手袋）

Digitalis purpea　**オオバコ科**

原産地：地中海沿岸～欧州北部　流通名（属名）：ジギタリス

キツネノテブクロ（ジギタリス）

●**形態**　草丈１mほどの二年草で、枝分かれせず直立する。花期は４～６月で、40㎝前後の穂状花序に、赤紫色で筒形の花を縦長に多数咲かせて、見事なタワーを形成する。●**有毒成分と症状**　全草にジギトキシンを含み、誤食すると嘔吐、下痢、不整脈、頭痛、めまいを起こし、視覚異常も引き起こす。重症では心臓機能が停止して死亡することがある。かつて、長寿効果があるとされてもてはやされたコンフリー（本頁下段）との誤食が問題とされたものだが、現在ではコンフリー自体も有毒とされるので、注意が必要である。

葉

花

ヒレハリソウ（鰭玻璃草）

Symphytum office　**ムラサキ科**

原産地：欧州、西アジア　流通名：コンフリー

●**形態**　高さ１mほどになる多年草で、長楕円形の葉が繁って株の直径は60㎝ほどになる。茎や葉に粗い白毛が多く、夏に茎の先端に釣鐘状の淡紅色の小花を多数集めて咲かせる。●**有毒成分と症状**　エチミジンというアルカロイド毒を含み、肝硬変又は肝臓がんを引き起こす例が報告されている。1970年代には健康食品として大ブームになって、葉をてんぷらにして食べたり、胃潰瘍に効くといってハーブティーにしたりして利用された。後になって厚生労働省が注意を呼び掛け、販売を禁止しているので食べない方が良い。

ヒレハリソウ（コンフリー）　葉　花（上）と株（下）

カロライナジャスミン

Gelsemium sempervirens ゲルセミウム科

原産地：北米南部

●形態　常緑の蔓性低木。花期は春で、ラッパ状の黄色い小花を咲かせ、芳香がある。最近では、街路樹として公園や遊歩道などに植栽されている。**●有毒成分と症状**　ゲルセミンなどの有毒成分を含み、移植の作業中に汁液が皮膚について皮膚炎を起こしたり、花をジャスミンティーとして飲んで中毒を起こした報告例がある。微量でも毒性が強いので、香茶にされる「モクセイ科のジャスミン」と混同しないよう要注意。飲用はマツリカ。

葉

カロライナジャスミン

ハゴロモジャスミン（無毒）。飲用は同属の「マツリカ」

スズラン（鈴蘭）

Convallaria majalis ユリ科

分布と生育環境：北海道、本州の高地の林下

●形態　高さ25㎝前後の多年草で、２～３枚の葉がつく。葉よりも低い位置に花が咲くのが特徴で、よく似たドイツスズランは葉よりも上部に花が咲く。１万株ほどが植栽されている、鹿児島県伊佐市の「スズランの里」の花の見頃は４月下旬。**●有毒成分と症状**　水溶性のコンバラトキシンを含み、嘔吐、下痢、心不全を引き起こす。赤い果実のほか、若い株立ちをギョウジャニンニクと誤って食したための中毒例が報告されている。

花

スズラン（伊佐市スズランの里で撮影）　熟した果実

葉

シキミ（樒）

Illicium anisatum **マツブサ科**

分布と生育環境：宮城県以西の山林内

●形態　雌雄同株の常緑低木。葉は枝先に集まって互生し、葉身は倒披針形で、基部は狭いくさび形。表は濃い緑色で光沢があり、肉厚で細脈は不明瞭。３～４月に、花弁が少しねじれた黄白色の花が咲く。**●有毒成分と症状**　果実に猛毒のアニサチンを含み、日本では全ての有毒植物の中で唯一「毒物及び劇物取締法」による毒物に指定されている。食べると、嘔吐、意識障害、痙攣を起こし、重症では死ぬ。星形をした中華料理の香料トウシキミの果実（八角）との誤食中毒例が昔から多数報告されている。種子よりも果皮の毒性が高いという。

シキミ

花

果実（猛毒）

トウシキミ　果実（香料）

葉

ムラサキケマン（紫華鬘） *Corydalis incise* ケシ科

分布と生育環境：全国の日陰の林道脇や草地など

●形態　高さ30㎝前後の多年草。葉は２～３回三出羽状複葉で、全体が薄くて軟らかい。花期は４～５月、赤紫色で長さ２㎝ほどの筒状の花が咲く。後方にスミレのような距（きょ）がある。開花前の葉の形がセリにそっくりで、勘違いして採取される可能性がある。果実はマメ科の莢のような形で、熟すと軽く触れただけで弾けて微小な種子を飛ばす。**●有毒成分と症状**　プロトピンを含み、嘔吐、意識障害、痙攣、心臓麻痺を引き起こす。

花

ムラサキケマンの群落

葉

上はムラサキケマン（右）とセリ（左）。下は莢

キケマン（黄華鬘） *Corydalis heterocarpa var. japonica* ケシ科

分布と生育環境：関東以南の湿り気のある道路脇など

●形態　高さ50㎝前後になる多年草。全体的に無毛で軟らかく、折ると臭気がただよう。茎は太くて赤みを帯びている。葉は２回羽状複葉で、小葉はさらに羽状に深裂し、紫褐色を帯びるものが多い。花期は４月頃で、４枚の黄色の花弁をもち、後方に短い距がつく。果実は長さ３㎝ほどで、真っすぐな莢の中に黒い種子が２列に並んでいる。よく似たツクシキケマンは果実が数珠状にくびれる。**●有毒成分と症状**　ムラサキケマンに同じ。

花

キケマンの大株

葉

果実の莢はなめらか

ホソバシュロソウ（細葉棕櫚草） *Veratrum maackii var. maackii* シュロソウ科

分布と生育環境：本州～九州の湿った草原

●形態　高さ60㎝前後の多年草。葉は幅２㎝長さ30㎝前後で、枯れると株の付け根にシュロの繊維に似た葉鞘が残る。花期は６～８月で、紫褐色の花が咲く。霧島山の湿原で撮影。●有毒成分と症状　全草特に根に有毒なベラトラミンを含み、食べると嘔吐、下痢、しびれ、痙攣を生じ、量が過ぎると意識不明に陥り死亡する。若い葉が山菜のオオバギボウシやギョウジャニンニクに似ており、事故が毎年多数報告される。

ホソバシュロソウ　花　幼果（撮影：大工園認氏）

ミズバショウ（水芭蕉） *Lysichiton camtschatcense* サトイモ科

分布と生育環境：北海道～本州中部以北の日本海側

●形態　「夏がく～れば思い出す……」と誰もが教わった、あのミズバショウ……。５～７月が花期の、高地の湿地帯に生育する多年草。葉が変化したものだという純白の仏炎苞の中心に、円柱状の花序が立つ。そこが、雄花と雌花の集まりで、花後に株の根元から伸び出る葉は幅30㎝長さ80㎝ほどの狭楕円形。●有毒成分と症状　汁液に蓚酸カルシウムを含むので、前出のサトイモ科の植物と同様に皮膚がかぶれ、口にすると口内炎や嘔吐、下痢を起こし、重症では痙攣や呼吸困難の末に、死に至るほどの猛毒を有するので注意を要する。

ミズバショウ（撮影：中村進氏）

果実（撮影：中西収氏）

ミチノクフクジュソウ（陸奥福寿草） *Adonis amurensis* キンポウゲ科

分布と生育環境：本州～九州の川岸や傾斜地の草地

●形態　高さ20㎝ほどの多年草で、葉は羽状複葉。花期は３～５月で、花は１本の茎に５個前後つき、花弁は卵形の萼片よりも長いのが特徴。果実は熟しても開かない。日本には仲間が４種あるが、本種は花茎が中空であることが特徴。乱獲による減少で、準絶滅危惧種に登録されている。●有毒成分と症状　水溶性の高いアドニトキシンを含み、激しい嘔吐、心臓麻痺を起こし死に至る。ヨモギなどの新芽との見誤りに要注意。

花

ミチノクフクジュソウ　花茎は中空

葉

オオバナノエンレイソウ（大花延齢草） *Trillium camschatcense* シュロソウ科

分布と生育環境：北海道～本州北部の亜高山帯の湿地

●形態　太くて短い根茎から高さ50㎝前後の茎が出て、その先端に丸みを帯びた菱形の、葉柄のない３枚の葉が輪生する。５～６月頃、葉の中心部から短い柄を伸ばし直径６㎝ほどの花を咲かせる。花は白色の３枚の萼で構成され、横向きにつく。●有毒成分と症状　有毒なサポニンなどを含むので食べ過ぎると嘔吐、下痢を起こすが、口にしても苦いので吐き出して、大事に至ることは少ない。若芽をギボウシ類と誤食する可能性がある。

花

オオバナノエンレイソウ　株

葉

オオバウマノスズクサ（大葉馬の鈴草）*Aristlochia kaempferi*　ウマノスズクサ科

分布と生育環境：関東〜九州の林縁などの半日陰地

●形態　茎の直径２㎝ほどの蔓性多年草で、高さ３ｍ超に伸び上がる。茎の独特な香りが私は好きだ。葉は長さ13㎝前後の心臓形で幅が広く、互生する。花期は５〜６月で、花は楽器のサキソフォン状に曲がっておもしろい形をしていて、内面に濃い色の筋が多数走っている。果実は長さ５㎝ほどの楕円体で、多くの種子が積み重なっている。仲間にホソバウマノスズクサ（アリマウマノスズクサ）やウマノスズクサがある。●有毒成分と症状　全草にアルカロイドの一種アリストロキア酸を含み、摂食すると腎炎や尿路がんを起こす。

葉の表（上）と裏（下）

両性花　果実　ホソバウマノスズクサの両性花

ウマノスズクサの果実　ウマノスズクサの両性花　ウマノスズクサの葉　ホソバウマノスズクサの葉

アオツヅラフジ（青葛藤）

Cocculus trilobus　**ツヅラフジ科**

分布と生育環境：本州～南西諸島の林縁の藪

●形態　落葉の蔓性木本で雌雄異株。葉は広卵形で長さ８㎝ほど、薄い緑色で浅く切れ込む。花は直径約３㎜で、萼と花弁は６枚ずつ。花期は６～７月。果実は直径６㎜ほどの球形で藍黒色に熟す。薩摩焼では蔓を、酒器や花瓶の把手として利用している。**●有毒成分と症状**　アルカロイドのトリロビンやマグノフロリンを含み、腎不全、呼吸中枢麻痺、心臓麻痺を起こす。果実が、ブドウ科のエビヅルやサンカクヅルに似ているので誤食が心配される。エビヅルの葉の裏には毛が密生して白く見えるのも区別点。サンカクヅルは葉が三角形。

アオツヅラフジ　雌花　果実（上）と葉表（下）

オオツヅラフジ　オオツヅラフジ　雄花　オオツヅラフジの葉裏

タマサンゴ（玉珊瑚）

Solanum pseudocapsicum　**ナス科**

原産地：メキシコ～中南米　別名：フユサンゴ

果実

●**形態**　原産地では２m近くになる常緑低木とのことだが、園芸店では50㎝程度のものが売られている。花期は夏で、ナス科に共通の花を咲かせる。果実は直径１㎝ほどで、８月以降に結実し、冬に鮮やかな橙色に熟して園芸店に並ぶ。●**有毒成分と症状**　全草にソラニンを含み、果実を食べると嘔吐、下痢、胃炎を起こし、程度が重いと昏睡から死に至る。一口トマトと誤って食べてしまいそうなので要注意。

タマサンゴ（フユサンゴ）

葉

オモト（万年青）

Rohdea japonica　**キジカクシ科**

分布と生育環境：関東～沖縄の暖地の林内

花

●**形態**　高さ30㎝前後の常緑多年草で、葉が根元から広がって伸び出る。葉面の皺や斑紋などに変化が多く、数百年前から愛好家の多い植物。晩春に葉の間から花茎が伸びて、黄緑色の押し潰したような花が密生する。秋に光沢のある果実が赤く熟す。●**有毒成分と症状**　毒性の強いロデインなどを含み、果実を誤食すると嘔吐、頭痛、不整脈、血圧低下、全身麻痺、運動麻痺、呼吸麻痺などを引き起こす。解毒剤はできていないという。

オモト　山林中の自生株

果実

葉

ハダカホオズキ（裸酸漿）

Tubocapsicum anomalum　**ナス科**

分布と生育環境：本州以南の山地の林縁に生える多年草

花

●形態　高さ80㎝前後で、全体が無毛の多年草。葉は長さ15㎝ほどの長楕円形で切れ込みはない。花期は８～９月で、葉の脇に淡黄色で鐘形の花を下向きに３個ほど垂らす。果実は直径８㎜ほどの球形で、秋に赤橙色に熟して、思わず一粒口に含みたくなる。**●有毒成分と症状**　ソラニンを含み、果実を誤食すると嘔吐、下痢、腹痛、胃炎を起こし、大量に摂ると昏睡から死に至る。

ハダカホオズキ

果実（未熟）

ヒヨドリジョウゴ（鵯上戸）

Solanum lyratum　**ナス科**

分布と生育環境：北海道～九州の林縁の斜面など

果実（完熟）

●形態　蔓性の多年草で、藪や林縁に蔓を伸ばして、他物に寄りかかっている。茎や葉に多くの軟毛があって、逆光で見ると輝いて美しい。葉は３裂するものから卵形のものまで多様。花は夏の終わり頃に咲き、５枚の淡紫色の花弁が大きく反り返り、花弁の基部には緑色の斑紋がある。秋に球形の果実が赤く熟し、種子が透けて見えて美しい。**●有毒成分と症状**　ハダカホオズキに同じ。

ヒヨドリジョウゴ

花

葉

メジロホオズキ（目白酸漿）

Solanum biflorum　ナス科

分布と生育環境：本州南部〜九州の暖地の海岸近くの林縁

●形態　暖地の海岸近くの林縁に生育する、高さ１mほどになる蔓性多年草で、全体に軟毛が密生している。葉は長さ５㎝前後の卵形で、葉の脇に白い花を１〜２個下向きに咲かせる。８〜10月に開花し、萼が10ほどに深く裂けている様子は、長いつけまつげをつけた眼を見開いているように見えた。果実は球形で赤く熟す。和名は、果実の先端に白い点がつくものがあって、それに基づいたというが、普通は白点がつかない。赴任中の屋久島の宮之浦で撮った。ナス科には似たような仲間が多いが、萼片の形が特別で判別しやすいように思う。●有毒成分と症状　ハダカホオズキに同じ。

メジロホオズキ

ショウキズイセン（鍾馗水仙）

Lycoris traubii　ヒガンバナ科

原産地：中国、ミャンマー

●形態　高さ50㎝前後の球根植物で、九州以南の温暖な地域に生育しており、人家近くに野生化してもいる。花期は９〜10月でヒガンバナに少し遅れて咲き、花茎の頂に、直径７㎝ほどで黄色い６弁の花を横向きに４〜６個ほど咲かせる。花はヒガンバナに似るが、花弁は少しだけ反り返り、波打っていて幅が広い。花の時期に葉が備わっていないのは、他のヒガンバナ属の仲間と同じである。花後にできる果実は円柱形で、緑色に熟する。●有毒成分と症状　他のヒガンバナ属同様に、全体にリコリンを含み、誤食すると嘔吐、下痢、呼吸麻痺などを起こす。

ショウキズイセン

シロバナマンジュシャゲ（白花曼珠沙華）

Lycoris albiflora　ヒガンバナ科

原産地：中国

●形態　ショウキズイセンとヒガンバナ（彼岸花）との自然交雑種ということらしく、別名をシロバナヒガンバナ（白花彼岸花）という。しかし、交雑の母種については、別の説もあるようだ。花弁はヒガンバナに比べて、それほど反り返らない。不稔性（種子ができない）との説もあるが、稀に結実するらしい。名前からヒガンバナの白花品という感じがするが、「シロバナ」からの思い込みで純白の花を探しても、なかなか見当たらない。花弁はいくらかピンクを帯びているようだ。黄色と赤の掛け合わせだから、純白を期待するのは無理か。●有毒成分と症状　前種と同じ。

シロバナマンジュシャゲ

ハマオモト（浜万年青）

Crinum asiaticum var. japonicum　**ヒガンバナ科**

分布と生育環境：千葉県南部〜沖縄の海岸の砂地　別名：ハマユウ（浜木綿）

果実

●形態　高さ1m近くになる多年草。花期は夏で、下部の中心から伸びた太い花茎の先に、多くの白い花を咲かせる。花は筒状で花弁は大きく反り返り、日没の頃から芳香を漂わせる。果実の中にはコルク質の厚い種皮に包まれた種子があり、親株の下に多数落果している。軽いので海流に乗って、遠隔地に運ばれる。**●有毒成分と症状**　全草特に鱗茎にリコリンを含み、食べると嘔吐、下痢、痙攣、麻痺を引き起こす。

株　花　インドハマユウ

ツクバネソウ（衝羽根草）

Paris tetraphylla　**ユリ科**

分布と生育環境：全国の深山の林内

果実

●形態　地下茎が横に這っていて、地上茎が途中で枝分かれせず直立する、高さ30㎝前後の日本固有の多年草で、長楕円形で長さ8㎝前後の葉4枚が輪生する。葉は先端が尖り、柄がなく鋸歯もない。花期は5〜8月で、茎の先端に長さ5㎝ほどの花柄をもつ淡黄緑色の花が1個だけ上向きにつく。中心部には、緑色の萼と、柄（花糸）の長い雄しべ8本と、先が4裂した雌しべ1本がある。秋に、直径1㎝ほどの果実が黒紫色に熟す。和名は、この時期の果実周辺の形を、日本の伝統的な正月の遊びである「羽根つき」の羽根に見立ててつけたという。写真は、屋久島の花之江河近くの林内で写した。**●有毒成分と症状**　全草特に果実に有毒の配糖体パリディンを含み、誤食により嘔吐、下痢、頭痛が起こり、重症の場合は、瞳孔の縮小、呼吸麻痺を引き起こす。

ツクバネソウ　花

クララ（眩草、苦参）

Sophora flavescens　**マメ科**

分布と生育環境：本州〜九州の日当たりの良い草原

果実

●形態　高さ1.5m前後の多年草。花期は６〜７月で、茎の先端に淡黄色で筒状の花が多数並ぶ。果実は９月頃に熟し、外見はアブラナの果実に似て、細長い莢の中に多数の種子が収まる。和名は、根をかじると毒で頭がクラクラすることからという。煮汁液を害虫駆除や家畜の寄生虫駆除に用いたほどの毒性。**●有毒成分と症状**　アルカロイドのマトリンを含み、誤食すると大脳の麻痺、呼吸停止を引き起こす。

クララ

花

葉

イヌホオズキ（犬酸漿）

Solanum nigrum　**ナス科**

分布と生育環境：全国の畑や道端

イヌホオズキの果実

●形態　高さ50㎝前後の一年草で、花期は６〜９月。花冠が白くて長さ６㎜ほどの花が８個前後まとまって咲く。光沢のない果実が晩秋に熟す。花冠が淡紫色で果実に光沢のあるアメリカイヌホウズキも混生する。**●有毒成分と症状**　ステロイドアルカロイド配糖体のソラニンを含み、果実を食べると嘔吐、腹痛、下痢を起こす。しかし、中国南部では若葉を食べるというし、食べたがどうもなかったという友人もいる。

イヌホオズキ

花と葉

アメリカイヌホオズキの果実（右上）と花（右下）

ソテツ（蘇鉄）

Cycas revoluta　ソテツ科

分布と生育環境：南九州、南西諸島の海岸近くの岩場に自生

●**形態**　高さ５ｍ超に育つ雌雄異株の常緑裸子植物。雄株には砲弾のような花序が立ち、丸く膨らんだ雌株の花序の中には100個超の種子が朱色にみのる。●**有毒成分と症状**　種子に有毒なサイカシンを含み、食あたりすると重篤な事態に陥る。現代では多くの手間と時間をかけて、安全な「ソテツ味噌」などに仕立て上げている。過去の飢饉に際しては毒抜きが不十分なうちに食べて、「蘇鉄地獄」とも称される事態に陥ったという。待つ時間と気分的余裕が十分にある場合は良いが、乏しい知識で安易に食してはいけない植物のひとつである。

ソテツの大株　　種子

雌株と種子　　雄株

トチノキ（栃の木）

Aesculus turbinata　ムクロジ科

原産地：欧州、北米

トチノキ

種子

●形態　高さ10mを超える高木。葉は掌状に切れ込み、長さ20㎝前後で楕円形の小葉５～９枚からなる。花期は５～６月で、白～淡紅色の４弁花が円錐形に多数集まって、茎の先端に立つ。果期は10月で、表面にとげのある直径４㎝ほどの果実の中に３㎝ほどで赤黒い種子がある。●有毒成分と症状　果実にサポニン、エスクリンを含む。果実からトチ餅を作るが、毒抜きが不十分だと下痢、胃腸炎、脱水症状を引き起こす。

葉　花

ツクシシャクナゲ（筑紫石楠花）

Rhododendron japonoheptamerum　ツツジ科

分布と生育環境：紀伊半島、四国、九州の深山の林中

●形態　高さ３m前後の常緑広葉樹。葉は細長くて表は光沢があり輪生する。花は茎の頂上に、外向きに円形に並び、白や赤系統の大きな花が多数集まって咲き、派手さが目立つ。普段見かけるのは、セイヨウシャクナゲが多い。●有毒成分と症状　グラヤノトキシン（ロドトキシン）の痙攣毒を含み、誤食すると嘔吐、下痢、痙攣を引き起こす。血圧降下用に茶代わりに飲んだ例や、シャクナゲの蜂蜜で発症した例の報告がある。

花

ツクシシャクナゲ

果実

葉

ネジキ（捩木）

Lyonia ovalifolia **ツツジ科**

分布と生育環境：本州～九州の低山や山地の陽地

●形態　高さ５ｍ、幹の直径20㎝前後になる落葉樹。和名は、樹皮全体に縦に入っている多数の浅い溝が、幹の周りにねじれたように入ることから。初夏に、花弁の長さ約１㎝で先が５つに裂けた、純白で壺形の花が下向きに集まって咲く。**●有毒成分と症状**　リオニアトキシンを含み、誤食すると嘔吐、痙攣を引き起こす。若い枝は赤褐色で朱塗りの箸のように美しいが、野外での食事のとき、この枝で即席の箸を作って使うのは危険。

果実

ネジキ　花　葉

ユズリハ（譲り葉）

Daphniphyllum macropodum **ユズリハ科**

分布と生育環境：福島県以南の内陸の山林内

●形態　高さ８ｍ前後の雌雄異株の常緑小高木。葉身は幅５㎝長さ15㎝前後の長楕円形で、基部は円形～広いくさび形。表は濃い緑色で光沢があり、裏は白っぽい緑色。側脈は20対近くある。低地に生育するヒメユズリハは、葉身基部が広くないくさび形で、側脈は10対程度。**●有毒成分と症状**　葉や樹皮にダフニマクリン、ユズリンなどを含み、牛馬が食べると、食欲不振や起立不能、急性胃腸炎、呼吸麻痺、心臓麻痺を引き起こす。

果実

ユズリハ　ヒメユズリハの花（上）と果実（下）

タイツリソウ（鯛釣草）

Lamprocapnos spectabilis **ケシ科**

原産地：中国、朝鮮半島　別名：ケマンソウ（華鬘草）

●**形態**　草丈40㎝前後の多年草で、葉は深く切れ込んでいる。花期は初夏で、弓状に伸ばした花茎に十数個の面白い形の美しい花が垂れて咲く。名前はその形を鯛や寺院のお堂の装飾品（華鬘）に見立てたもの。ハート形に膨らんだ外側のピンクの花弁の下から白色の花弁が突き出ている。●**有毒成分と症状**　ビクリンを含み、誤食すると嘔吐、体温低下、呼吸と心臓の麻痺を引き起こし、死に至ることもある。

花

タイツリソウ（ケマンソウ）

葉

トウゴマ（唐胡麻）

Ricinus communis **トウダイグサ科**

原産地：インド、東アフリカ　別名：ヒマ

●**形態**　高さ２m超に生長する一年草。葉は直径25㎝ほどで掌状に深く切れ込む。茎や果実がピンクで美しく、種子は長さ１㎝ほどで筋模様が入り、形はダニやクモの腹部にそっくり。●**有毒成分と症状**　世界の５大猛毒のひとつリシンを含み、誤食すると胃腸系に異常が現れ、胃腸管出血とともに肝臓、脾臓、腎臓の壊死が起きて、死に至る。現在解毒剤はない。昔は種子の油をヒマシ油と称して、下剤に使った。

花

トウゴマ（ヒマ）

果実

種子（上）と葉（下）

アマリリス

Hippeastrum × hybridum　ヒガンバナ科

原産地：南米

●**形態**　中南米に90ほどの原種があって、それから数百種類もの園芸品種がつくりだされ、現在もその数は増えつつあるという。高さ50cm内外の球根性多年草。５～６月頃、茎の先端に３個ほどの６花弁の花を横向きに咲かせる。花色は真っ赤のほか白やピンクなど、筋入りや八重咲き、直径20cmほどの大輪もある。原産地が熱帯地域なので、冬季の温度管理や過湿に注意する。●**有毒成分と症状**　アルカロイド系のリコリンを含み、球根を食べると嘔吐、下痢、血圧低下、肝障害を引き起こし、汁液が皮膚につくと皮膚炎を起こす。

アマリリス

花

ハウチワマメ（葉団扇豆）

Lupinus　マメ科

原産地：南北アメリカ、地中海沿岸　流通名（属名）：ルピナス、ルーピン

●**形態**　高さ１m前後に生育する一年草や多年草。春から初夏にかけて、マメ科に共通でピンクや紫色などの蝶形の花が多数集まって、30cm前後のタワー状の美しい花序をなす。移植を嫌うため直撒きが良いという。●**有毒成分と症状**　全草特に種子にルピニンというアルカロイド系の毒を含み、誤食すると運動機能の失調、呼吸不全や麻痺を起こすという。大豆の代用として豆乳、きな粉、豆腐に加工される一部の甘味種以外には、毒由来の苦味と毒性があるので、調理前に数日間水に浸けて有毒成分を除去する必要がある。

ハウチワマメ（ルピナス、ルーピン）　　葉

エニシダ（金雀枝）

Cytisus scoparius　マメ科

原産地：欧州、アフリカ

●形態　高さ２～３ｍになる低木で、公園などに植栽される。葉は三出複葉で、小葉は倒卵形。花期は３～５月で、蝶形の黄色い花が葉の脇に咲き、果実は莢状になる。果実は完熟すると莢が激しく弾けて、種子を十数ｍも飛ばすことがある。花が枝にびっしりとつくので、茎が弓のようにしなって見える。●有毒成分と症状　全草にアルカロイド毒のスパルティンを含み、誤食すると嘔吐、頭痛、血圧降下、胃腸痙攣、呼吸困難などを起こす。

果実

エニシダ

花

アミガサユリ（編笠百合）

Fritillaria verticillata var. thunbergii　ユリ科

原産地：中国　別名：バイモ（貝母）

●形態　高さ50㎝ほどになる半蔓性の多年草。葉は無柄で４枚前後が輪生し、葉の先端には巻きひげがある。３～４月、茎の先端に吊り鐘状の花が２個うつむき加減に咲く。花の直径は３㎝ほど、薄黄緑色で内側に黒紫色の網目状の斑紋をもつ６枚の花弁からなる。観賞用として栽培され、茶花としての利用もされる。●有毒成分と症状　鱗茎は漢方薬としての利用もあるが、フリチリンなどのアルカロイド毒を含み、心臓の筋肉に作用して血圧降下、呼吸困難、中枢神経麻痺を引き起こすので、素人による処方は避けねばならない。

アミガサユリ（バイモ）　花

パキラ

Pachira glabra **アオイ科**

原産地：中南米

●形態　観葉植物として幹を三つ編みや五つ編みに仕立てた、２mほどの形の良い鉢植えをよく見かけるが、原産地では15mを超す常緑の高木という。葉は掌状で楕円形の小葉が５～７枚つき、形が良い。花は線形の花弁がくるりと反り、数百本の雄しべがふんわりと広がる。かつては種子をカイエンナッツとよんで食用としたが、現在は禁止されている。**●有毒成分と症状**　種子にジャガイモの新芽と同じソラニン系の毒素を含み、体内に取り込むと嘔吐、下痢、腹痛、胃炎を起こし、重症の場合には昏睡の末に死に至る。

パキラ　　小葉（葉の一部）

ホソバチョウジソウ（細葉丁字草）

Amsonia angustifoli **キョウチクトウ科**

原産地：北米

●形態　高さ50㎝前後の多年草で、４～５月に茎の上部に薄い青色の花を多数咲かせる。葉は幅１㎝長さ５㎝ほどと細長い。花冠は15㎜ほどで平らに開く。果実は長さ５㎝ほどで莢状のもの２本が、基部でくっついて出ている。園芸店で売っているものはホソバチョウジソウかヤナギバチョウジソウとのこと。**●有毒成分と症状**　アルカロイドのヨヒンビンを含み、誤食すると局部麻痺や血圧低下を引き起こす。

花

ホソバチョウジソウ　　果実　　葉

フウセントウワタ（風船唐綿）

Gomphocarpus physocarpus キョウチクトウ科

原産地：南アフリカ

種子

●形態　1.5m前後の一年草で披針形の葉を対生する。花期は夏～秋で、花は白色。植物体を傷つけると白い乳液が出る。果実が膨らみ種子に白色の綿毛がついているのが和名の由来。属は異なるが、トウワタの花は朱色と黄橙色の花びら５枚ずつの組み合わせ。共に有毒。●有毒成分と症状　アスクレピンを含み、汁液で皮膚炎や角膜炎を起こし、誤食すると嘔吐、心臓麻痺を起こす。家畜のエサに混じらないよう要注意。

フウセントウワタの花と蕾　果実　トウワタの花（撮影：市川聡氏）

ニチニチソウ（日々草）

Catharanthus roseus キョウチクトウ科

原産地：マダガスカル、インド

花

●形態　草丈50㎝ほどの一年草。葉は濃緑色の長楕円形で対生し、光沢がある。花期は夏～秋で、深く５片に切れ込んだ筒状の白、赤、ピンクなどの花が次々に咲いて美しい。草丈の半分くらいの位置で、わき芽のすぐ上を切り戻すと花つきの多い株になる。挿し木でも殖やせて、栽培は容易である。●有毒成分と症状　全草に多種の有毒アルカロイドのビンドリンを含み、誤食すると嘔吐、中枢神経や心機能障害、痙攣を引き起こす。

ニチニチソウ　葉

ツルニチニチソウ（蔓日々草）

Vinca major **キョウチクトウ科**

原産地：ヨーロッパ

●形態　グラウンドカバーとしてよく植えられ、強い繁殖力でどんどん広がる。葉は卵形で強い光沢があり、縁に薄黄色の模様が入るものや葉に黄色の網目が入るものなどの変種がある。花期は４～６月で、青紫色の５枚の花弁がプロペラ状に開く。切った枝を地面にさしておくと簡単に殖やせる。**●有毒成分と症状**　オレアンドリンを含み、誤食すると嘔吐、痙攣、幻覚、麻痺を引き起こす。

花

ツルニチニチソウ

葉

キョウチクトウ（夾竹桃）

Nerium oleander var.indicum **キョウチクトウ科**

原産地：インド

●形態　高さ４ｍ前後の常緑低木。乾燥や大気汚染に強く、街路樹や高速道路沿いに植栽される。葉は披針形で３枚が輪生する。花期は６～９月で、ピンクの八重咲きや白色を見かける。**●有毒成分と症状**　全体にオレアンドリンを含み、誤食すると頭痛、嘔吐、意識障害を起こし死に至る。生木を燃やした煙を吸っても危険で、昔から小枝を箸や串焼き用の串に使って死者が出た事例も多いので、野外活動では厳に注意を要する。

花

キョウチクトウ　左下は果実

葉

ヘクソカズラ（屁糞葛）

Paederia acandens　アカネ科

分布と生育環境：全国の道端の藪や林縁など

●形態　葉は幅4㎝長さ7㎝ほどの披針形で対生する。名は葉や茎をもむと臭いことにより、万葉集では「糞葛」と詠まれている。現代ではさらに「屁」までついてバージョンアップした。しかし、花には芳香があり、果実は金色で捨てがたい。別名の「ヤイトバナ」は、花の先端の形をお灸でただれた皮膚に例えたもの。●有毒成分と症状　臭気の成分としてインドール、アルブチンを含み、果実の誤食で下痢、呼吸麻痺を起こす。

花

ヘクソカズラ

果実

葉

オキナワスズメウリ（沖縄雀瓜）

Diplocyclos palmatus　ウリ科

原産地：トカラ列島以南

●形態　蔓性の一年生草本で、長さ5m超になる。葉はハート形で軟らかくて互生し、掌状に5～7裂し、表面はざらつく。雌雄異花で、葉の脇に直径15㎜ほどの花が咲く。果実は直径25㎜ほどの球形に近い卵形で、赤橙色に熟し白い縦縞が入る。●有毒成分と症状　果実と根は有毒で、食べれば腹痛、下痢、嘔吐などの症状を起こす。毒の成分は不明だが、同属のテッポウウリ属と同じククルビタシンとも推定されている。

果実

オキナワスズメウリ　樹木を這い上がる

雄花（上）と雌花（下）

葉

オシロイバナ（白粉花）

Mirabilis jalapa　オシロイバナ科

分布と生育環境：栽培から逸出して、道路脇などに繁殖

●形態　高さ１m前後の多年草で、節は太く膨れる。花はロート形で、１つの株でも多色あり、絞り模様もみられる。夕方から開花し、芳香がある。花弁のように見えるのは萼で、萼のように見える部分は総苞。萼が散ると、種子のように見える果実が残る。●有毒成分と症状　トリゴネリンを含み、種子や根を誤食すると嘔吐、下痢、腹痛を起こす。昔から、白い胚乳をおしろい代わりに鼻筋や頬に塗る遊びをするが、口に入れないよう要注意。

花

オシロイバナ（同一株）　果実　葉

ミゾカクシ（溝隠し）

Lobelia chinensis　キキョウ科

分布と生育環境：全国の溝や田の畦

●形態　水田の縁や畦の湿った場所に生える多年草で、地面を這う。地表が見えないほどに群生するので、アゼムシロ（畦莚）の別名をもつ。幅３㎜、長さ15㎜前後で披針形の葉が２列に並んで互生する。夏から秋にかけて、葉の脇に花冠が５つに裂けた長さ１㎝ほどの淡紅紫色の花が１個咲く。●有毒成分と症状　全草にアルカロイド系のロベリンを含み、誤食すると嘔吐、胃腸痙攣、呼吸麻痺に陥る。

花

ミゾカクシ（アゼムシロ）　葉

ヤブタバコ（藪煙草）

Carpesium abrotanoides　キク科

分布と生育環境：全国の人里の藪や林縁

●形態　高さ80㎝前後の一～二年草。茎の上部から多くの枝を横向きに伸ばし、葉の脇ごとに花柄のない頭花を１個ずつつける。和名は、下部の葉がタバコの葉に似ることから。頭花は直径１㎝ほどの球形で、口元がすぼまる。似た感じのガンクビソウには長い花柄があって、喫煙具の煙管（きせる）の先端部近くの形に似る。●有毒成分と症状　全草にイヌリンを含み、誤食すると嘔吐、下痢、腹痛を起こす。

頭状花

ヤブタバコ（撮影：すべて大工園認氏）

頭状花

アキカラマツ（秋唐松）

Thalictrum minus var. hypoleucum　キンポウゲ科

分布と生育環境：全国の明るい林縁や草地

●形態　高さ150㎝ほどになる多年草。葉は三出複葉、小葉は卵形で長さ１㎝ほど。花期は８月前後、淡黄色で長楕円形の萼からなる小花が円錐形に多数集まる。長い多数の雄しべが目立つ。果実は倒卵形で、10月頃に熟す。よく似たノカラマツは、小葉の基部が狭いくさび形をしている。●有毒成分と症状　マグノフロリン、タカトニンという有毒アルカロイドを含み、誤食すると血圧降下や神経麻痺を引き起こす。

花

アキカラマツ

果実

葉

リュウキンカ（立金花）

Caltha palustris var. nipponica　キンポウゲ科

分布と生育環境：北海道〜本州北部と九州の湿地、沼地

●**形態**　高さ40㎝前後の多年草。茎は直立し中空、植物全体が無毛で光沢がある。葉は丸く基部がハート形で鋸歯がある。根生葉には長い柄があるが、茎につく葉は柄が短い。花期は３〜７月、花弁のような萼は８枚前後の鮮やかな黄色で光沢が強い。●**有毒成分と症状**　アルカロイドを成分とする毒草で下痢を起こす。毒性が弱いらしく食用とする地方があるようだが、毒に対する耐性は人それぞれなので、安易に食べない方が賢明。

花

リュウキンカ　葉

ホウチャクソウ（宝鐸草）

Disporum sessile　イヌサフラン科

分布と生育環境：全国の雑木林内や林道脇など

●**形態**　高さ40㎝前後で葉は互生。花期は５〜６月で、長さ２㎝前後の花が茎の先端に１〜２個下向きに咲く。花弁は白っぽく先端部が緑色。３枚ずつの花弁と萼片が筒状に集まり、合着していないのがナルコユリやアマドコロとの区別点。だが、これらとの誤食が報告されている。花後に直径１㎝ほどの果実が黒紫色に熟す。●**有毒成分と症状**　成分は不明ながら、若芽に循環器系に有害な成分が含まれるらしく、食べると嘔吐する。

花

ホウチャクソウの群落（春の芽立ち）　幼果（撮影：大工園認氏）　葉　ナルコユリ　茎は丸い。新芽は可食

ツリフネソウ（吊舟草、釣船草）

Impatiens textori　ツリフネソウ科

分布と生育環境：北海道～九州の湿った薄暗い場所

●**形態**　高さ70㎝前後になる一年草。花期は８～10月で、茎の先端に葉から抜き出て、長さ４㎝ほどで赤紫色の花が、数個ずつバランス良くぶら下がる。花の後方はクルリと巻いた距になっていて、蜜がたっぷり入っている。ご馳走にあずかるのはマルハナバチなど少種の昆虫。果実が熟すと、ホウセンカのように弾ける。仲間には花が黄色のキツリフネと花が葉の下に咲いて隠れ気味のハガクレツリフネがある。●**有毒成分と症状**　全草にヘリナル酸を含み、誤食すると嘔吐、下痢、胃腸炎を起こすが、苦みが強いので飲み込むことはなさそう。

ツリフネソウの葉（左下）

花（上）と果実（下）

キツリフネ　株

キツリフネの花

ハガクレツリフネの花

ヤマアイ（山藍） *Mercurialis leiocarpa* トウダイグサ科

分布と生育環境：全国の山地の林床

●形態　高さ30㎝前後で雌雄異株の多年草。葉は濃い緑色で光沢があって対生する。花は４〜６月に咲くが、緑白色で地味。果実は球形で２つに割れる。タデ科のアイ（藍）が渡来するまでは、古くから染料として利用されていて、万葉集にも詠まれている。薄暗い林内で見かけると、軟らかい山菜のように思える。●有毒成分と症状　サポニンを含み、かなり苦味が強く、もし食べると嘔吐、下痢、胃腸障害や腹痛、血便、血尿が生じる。

果実

ヤマアイ　群落（姶良市／蒲生八幡神社）

雄花（上）と雌花（下）

ナガバハエドクソウ（長葉蝿毒草） *Phryma leptostachya ssp. asiatica f. oblongifolia* ハエドクソウ科

分布と生育環境：北海道〜九州の山野

●形態　高さ50㎝前後の多年草。葉は長楕円形で基部はくさび形。花期は６〜８月で白っぽくて小さい唇弁花が横向きに咲き、果実になると下向きに茎に密着する。先端に３本のとげがあって、イノコズチのように衣服に刺さって運ばれる。●有毒成分と症状　フリマロリンを含み、誤食すると嘔吐、腹痛、血尿を引き起こす。和名は、汁液を紙に塗って蝿取り紙を作ったことにより、ハエトリソウの別名もある。

花

ナガバハエドクソウ（撮影：すべて大工園認氏）　果実　茎に圧着する　果実　先端が服に刺さる

ヒガンバナ（彼岸花）

Lycoris radiate　**ヒガンバナ科**

分布と生育環境：全国の田畑の周辺や堤防、墓地など

●**形態**　夏の終わり頃から、花茎の先端に、大きく反り返った赤い６弁花５〜７個が外向きに並ぶ。救荒植物としての歴史を持ち、おいしく食べられるような印象を受けるが、澱粉を精製したのであって、球根のままを煮ても炒めても蒸しても毒は消えない。小さなタマネギのような球根をノビルと誤食した事故が報告されている。●**有毒成分と症状**　リコリンを含み、食べると嘔吐、下痢、心臓麻痺を起こし、汁液により皮膚がただれる。

花

ヒガンバナ　群落

晩秋の葉　さかんに光合成する

オオキツネノカミソリ（大狐の剃刀）

Lycoris sanguine var. kiushiana　**ヒガンバナ科**

分布と生育環境：関東〜九州の林内や林縁

●**形態**　明るい林床や林縁に咲く。花の時期には葉がなく、葉の時期には花が見られないのは、ヒガンバナと同じであるが、それよりも幅が広い。８〜９月に花茎の先端に黄赤色の花を咲かせ、花弁は６枚、ヒガンバナほどは反らない。雄しべが花の外に長く突き出ているのが目立つが、長く突き出ていないのは、近似種の「キツネノカミソリ」。いずれも果実ができるので種子でも殖やせる。球根が小さくてノビルに似ているので誤食が心配されるが、ネギ臭がないので判別できる。●**有毒成分と症状**　リコリンを含み、症状はヒガンバナと同じである。

オオキツネノカミソリ　雄しべが花外に長く突き出る

キツネノカミソリの花（上）と果実（下）

ナツズイセン（夏水仙）

Lycoris squamigera **ヒガンバナ科**

原産地：中国から古い時代に帰化

●形態　高さ50㎝前後の多年生の球根植物。春早くにスイセンのような葉が伸び出て夏には枯れ、その後、花茎を伸ばして先端にラッパ状の花を数個咲かせる。花弁は淡いピンクで幅広く、６枚あって少しだけ反っている。花期はヒガンバナより早く、８月頃に咲く。果実はできないので、球根の株分けで殖やす。名は、葉がスイセンの葉に似ていて、花期が夏であることから。**●有毒成分と症状**　リコリンを含み、症状はヒガンバナと同じである。全草特に球根に毒を含み、食べると嘔吐、麻痺、痙攣を引き起こす。

ナツズイセン

葉（3月には枯れはじめる）

ツルボ（蔓穂）

Scilla scilloides **キジカクシ科**

分布と生育環境：全国の日当たりのよい林縁、畑の土手など

●形態　花茎が30㎝前後になる多年草で、地下に長さ２～３㎝ほどで卵球形の球根がある。葉は春と開花前後に伸び出て、幅５㎜長さ20㎝ほどで、球根に２本ずつつく。花期は８～９月で、淡紅紫色の花が総状に集まって、下から咲き上がる。**●有毒成分と症状**　プロトアネモニンを含み、食べると腹痛や嘔吐を引き起こす。ヒガンバナ同様に、過去には救荒植物として食べられた歴史があるが、食べないほうがよい。

花

ツルボ　群落　　葉　　球根と葉、花茎

タヌキマメ（狸豆）

Crotalaria sessiliflora　マメ科

分布と生育環境：本州～沖縄の山野の乾いた草地

●形態　草丈50㎝内外の一年草。花期は７～９月で、褐色の毛が密生した大きな萼の内側に、青紫色の花が多数穂状に集まって咲く。果実も多くの毛に覆われていて、中に13個ほどの種子がある。●有毒成分と症状　全草にピロリジジンアルカロイド、セネシオニンを含み、誤食すると肝・腎臓機能障害を起こすほか、発がん性もある。2004年に農林水産省から、家畜の飼料に使用せぬようにとの通知が出されている。

花

タヌキマメ（撮影：すべて大工園認氏）　果実

ハマナタマメ（浜鉈豆）

Canavalia lineate　マメ科

分布と生育環境：関東～九州、四国、沖縄の海岸の砂浜

●形態　海岸の砂地や岩場を這って伸び、茎の長さが５mほどになる蔓性多年草で、葉は三出複葉。花は淡紅紫色で６～９月に垂れて咲き、マメ科に共通の花だが、花が反転して花弁の上下が逆さになっている。果実の中には４個前後の種子が入っている。●有毒成分と症状　完熟した種子は、カナバリンやサポニンを含み、誤食すると胃腸障害、頭痛、痙攣、重症では心臓麻痺や呼吸困難を引き起こすという。

花

ハマナタマメ　果実　葉

マツカゼソウ（松風草）

Boenninghausenia albiflora var.japonica ミカン科

分布と生育環境：本州～九州の半日陰で湿り気のある林縁

●形態　高さ60㎝前後の多年草。葉は３回ほど枝分かれする羽状複葉で、小葉は微風にも揺れて涼しげだが、油点があって触れると臭い。小葉は長さ２㎝ほどの楕円形で裏が白い。花は長さ数㎜の白い花弁４枚の小花で、８～10月に咲く。果実は長さ４㎜ほどの卵形の分果４個が集まり、晩秋に熟す。日本のミカン科では唯一の草本植物。**●有毒成分と症状**　メチルノニルケトンを含み、下痢・腹痛を起こす。食欲をわかせない、嫌な臭い。

花

マツカゼソウ

葉

果実

ニシキギ（錦木）

Euonymus alatus ニシキギ科

分布と生育環境：北海道～九州の人家近くの林内

●形態　高さ２ｍ前後の落葉低木で、枝の周囲にコルク質の翼が２～４列つく。葉は菱形に近く、縁に低い鋸歯があって対生する。５月頃黄緑色で４弁の目立たない花が咲く。10月頃に果実が熟して皮が裂けると、赤橙色の仮種皮に包まれた種子が現れる。枝に翼のないものがコマユミで、ニシキギの変種とされる。**●有毒成分と症状**　トリグリセロールを含み、果実を食べると腹痛、嘔吐、下痢を起こす。新葉を山菜とするが果実は危険。

花

ニシキギ　茎に翼がつく。左上は果実

葉

エゴノキ

Styrax japonica **エゴノキ科**

分布と生育環境：全国の雑木林内

●形態　高さ5m超になる落葉高木。5月頃小枝の先に、花弁が5つに深裂した純白の花が半開きで垂れて咲く。果実は長さ2㎝ほどの楕円体で10月頃熟し、中に種子が1個入っている。和名は、毒由来のえぐみによるらしく、昔はこれを石の上で叩いて汁液を流し、下流で一時的に麻痺した魚を獲った。**●有毒成分と症状**　エゴサポニンを含み、果皮を誤食すると胃粘膜をおかし溶血作用もある。果汁が眼に入るとひどくしみて赤目になる（体験談）。

花

エゴノキ　　エゴノネコアシ（虫こぶ・上）と果実（下）　　葉

コフジウツギ（小藤空木）

Buddleja curviflora **ゴマノハグサ科**

分布と生育環境：四国南部～沖縄の日当たりの良い草原や崖地

●形態　高さ2mほどになる落葉低木で、全縁の単葉が対生する。6～9月に、枝先に長さ20㎝ほどの円錐花序を垂れ気味に伸ばす。先端部が赤紫色で花弁の先が4つに浅く裂けた筒状の花が、花序の一方にかたよって並ぶ。筒部の外側は、ふかふかしていて白っぽい。**●有毒成分と症状**　サポニン、ブドレジンを含み、腹痛、麻痺を起こす。昔はエゴノキ同様に魚毒として小魚を獲った。現在は禁止された漁法である。

コフジウツギ

果実　　葉

花（片側にかたよる）

ホツツジ（穂躑躅）

Elliottia paniculata　**ツツジ科**

分布と生育環境：北海道南部〜九州の山地の岩場

●形態　高さ1.5mほどになり、屋久島では岩場や樹幹に着生する。葉は長さ５㎝ほどの楕円形で互生。花期は７〜９月で、３〜４枚の純白または少し赤みを帯びた白色の花弁が大きく反り返って丸まり、円錐状に多数集まっている。屋久島の小花之江河で、白骨樹に着生したものを撮影。**●有毒成分と症状**　グラヤノトキシンを含み、誤食すると頭痛、嘔吐、痙攣などを起こす。花粉にも含まれ、ホツツジの花の蜂蜜での中毒例があるという。

花

ホツツジ（屋久島・小花之江河の白骨樹に着生）

葉と花序

アブラギリ（油桐）

Vernicia cordata　**トウダイグサ科**

分布と生育環境：本州〜九州の林内や林縁

●形態　高さ10m前後の落葉高木。葉は長さ20㎝前後の卵形で互生する。葉身の基部にカタツムリの目玉のような蜜腺が２個つく。花期は６月頃で、直径15㎝ほどのこんもりとした花序の中に、５花弁で直径３㎝ほどの白い花が多数集まっていて、林内では目立っている。果実は球形で秋に熟す。シナアブラギリは、葉身基部の蜜腺が低いイボ状。**●有毒成分と症状**　エレオステアリン酸を含み、誤食すると吐き気、嘔吐、下痢を起こす。

果実

アブラギリ

花（上）と蜜腺（左下）。右下はシナアブラギリの蜜腺

シュウカイドウ（秋海棠）

Begonia grandis　シュウカイドウ科

分布と生育環境：本州以南の人家周辺の薄暗い石垣などに野生化

●**形態**　高さ50㎝前後の多年草。葉は長さ15㎝ほどで左右非対称の特異な形。花期は8～10月で、長い花柄の先に雌雄別に淡紅色の花が垂れてつく。先端部に雄花が咲くが、2枚の小さな花弁と2枚の大ぶりな萼が直角に平開し、中心部に多数の雄しべがこんもりと突き出る。雌花には花弁がなく、2枚の萼が少し開く。●**有毒成分と症状**　蓚酸カルシウムやベゴニンを含み、汁液で皮膚がかぶれるほか誤食すると嘔吐、下痢を起こす。

雄花

シュウカイドウ　葉の左右は著しく非対称

雌花

コダチベゴニア（木立ちベゴニア）

Begonia semperflorens　シュウカイドウ科

原産地：世界の熱帯から亜熱帯

●**形態**　高さ1m内外の多年草で、地下に球根がなく、世界に600種類ほどあるという。日本で花壇に植えられている最も普通種。暑さには強いが寒さには弱く、4～11月に直径1㎝ほどの赤、白、ピンクの花がぶら下がり気味に咲く。●**有毒成分と症状**　蓚酸カルシウムやベゴニンを含み、触れて皮膚がかぶれるほか、誤食によって下痢、胃腸炎、痙攣を起こしたり、サイクロパミンによって奇形・脳障害を引き起こしたりする。

花

コダチベゴニア

株

葉

ホウセンカ（鳳仙花） *Impatiens balsamina* ツリフネソウ科

原産地：東南アジア

●**形態**　高さ50㎝前後の一年草で、生物学の教材として小中学校の学級園等によく植えられている。花期は７～９月で、赤色のほか白、紫、ピンクなどの花が咲き八重咲きも多く見られる。花には５枚ずつの花弁と萼があり、後方に蜜をためた距がつくが、つかないものもある。葉は細長い楕円形で互生する。果実が熟したとき、突然裂けて種子を弾き飛ばすので子どもがおもしろがる。●**有毒成分と症状**　全草特に種子にパリナリシン、インパティニドなどを含み、食べると嘔吐、胃腸障害、子宮収縮を引き起こす。

ホウセンカ

弾ける寸前の果実

アフリカホウセンカ（アフリカ鳳仙花） *Impatiens walleriana* トウダイグサ科

原産地：アフリカ　別名（属名）：インパチェンス

●**形態**　日本のツリフネソウの近縁種。高さ40㎝ほどの一年草で、節が膨らんでいる。花は一重と八重、色は各色あって花期は夏から秋までと長い。果実は熟すとホウセンカ同様に殻が弾けて種子を飛ばす。学校や公園の花壇やつりさげ式の鉢植えで、広く栽培されている。花粉管の伸び方が速いので、生物学での観察材料によく用いた。●**有毒成分と症状**　ホウセンカに同じで、種子にパリナリシンを含み、子宮を収縮させる。

花（花の後部に距）

アフリカホウセンカ（インパチェンス）

葉

ミヤマシキミ（深山樒）

Skimmia japonica　**ミカン科**

分布と生育環境：本州〜九州の低地の林内

●**形態**　雌雄異株で高さ１ｍ前後の常緑低木。葉は長さ10㎝ほどで先端近くが幅広く、全縁で光沢があり、茎の先端に集まる。厚いので葉脈がよく見えない。４月頃、茎の先端に直径約１㎝の白い花が多数集まってこんもりと咲き、晩秋以降に丸くて赤い直径８㎜ほどの果実が半球形に集まる。
●**有毒成分と症状**　アルカロイドのシキミアニンを含み、果実や葉を誤食すると痙攣、心筋麻痺、血圧低下を引き起こす。

果実

ミヤマシキミ

花

葉

トケイソウ（時計草）

Passiflora caerulea　**トケイソウ科**

原産地：中央アメリカ、南米

●**形態**　蔓性の常緑低木。名前は、３つに分裂する雌しべが、時計の３本の針によく似ていることによる。仲間が数百種類ある中で、クダモノトケイソウ（*Passiflora edulis*）は一般にPassion fruitと呼ばれ、奄美地方など暖地では栽培、商品化され味香りともに優秀なジュースが作られる。Passionの意味は、「情熱」ではなく「受難」の意味だという。●**有毒成分と症状**　仲間の多くは全草にパッションフローリンやサポナリンを含み、誤食すると胃腸障害、幻覚障害などを引き起こすという。葉はハーブとされた歴史もある。

トケイソウの花

葉

ウケザキクンシラン（受け咲き君子蘭） *Clivia miniata* ヒガンバナ科

原産地：南アフリカ

花

●形態　高さ40㎝ほどの常緑多年草。普通に「クンシラン」と呼ばれている種類の本名はこれ。本物のクンシランは花が下向きゆえに人気が低く、流通せず普通には見かけない。葉は幅広い線形で、下部から束になって生える。花茎の先端に15個前後の、６弁で漏斗状の花を咲かせる。濃い緑色で肉厚の葉と、オレンジ色で上向きの花が愛される園芸植物。●有毒成分と症状　リコリンを含み、誤食すると嘔吐、下痢、脱水、痙攣を起こす。

ウケザキクンシラン（通称：クンシラン）

本物のクンシランの花（撮影：市川聡氏）

ムラサキクンシラン（紫君子蘭） *Agapanthus praecox ssp. Orientalis* ヒガンバナ科

原産地：南アフリカ　流通名（属名）：アガパンサス

花

●形態　常緑多年草で、葉は地表付近から伸び出て、幅３㎝長さ40㎝ほどと細長く、光沢がある。地下の太い根茎から高さ１ｍ前後の花茎を伸ばして、先端に数十個のロート状の花を放射状に咲かせる。花期は梅雨の前後のものが多く、花色は青紫、紫、白などがある。●有毒成分と症状　リコリンを含み、葉などの汁液に触れると皮膚炎、眼に入ると結膜炎を起こし、口にすると口内炎を引き起こすので注意した方がよい。

ムラサキクンシラン（アガパンサス）

葉

果実

アサガオ（朝顔）

Ipomoea nil　**ヒルガオ科**

原産地：中国、東南アジア

●**形態**　一年生草本で、日本では古くから多くの人々に愛され、葉や花の形や色に変化の見られる多くの品種が作りだされている。鹿児島では愛好家によって、毎年７月頃に磯庭園（仙巌園）で約60種300余鉢を展示した「変わり咲き朝顔展」が開催される。花の色は豊富だが、黒と黄色のアサガオは未だないらしい。●**有毒成分と症状**　種子にファルビチンなどを含み、誤食すると嘔吐、下痢、腹痛、血圧低下を引き起こす。

花

アサガオ　左上は果実

シチヘンゲ（七変化）

Lantana camara　**クマツヅラ科**

原産地：中南米　流通名（属名）：ランタナ

●**形態**　高さ１mほどの常緑低木で、茎の断面は四角形、葉は対生し毛があってざらつく。花期は初夏～秋で白、黄、赤、橙などの色鮮やかな小花が多数集まって球形に咲く。和名は花色が橙→赤、黄→橙、桃・白→クリームと、次第に変化することから。●**有毒成分と症状**　未熟な果実にランタニンという毒素を含み、食べると肝障害を起こす。勝手に植えて殖やすことを禁じられている植物のひとつだが……、捨てがたい美しさをもつ。

果実

シチヘンゲ（ランタナ）　葉

花

センダン（栴檀）

Melia azedarach　センダン科

分布と生育環境：四国〜沖縄の海岸近くや森林の周辺　有毒部位：果実、樹皮

●形態　高さ15mほどになる落葉高木で水平に広く枝を張り、鹿児島県内には樹齢100年前後の大木を校庭にもつ学校が多く、夏季には子どもらに広い緑陰を提供している。優雅な色合いの花が咲く。**●有毒成分と症状**　果実はヒヨドリなどの鳥類の好物だが有毒なサポニンを含み、ヒトが食べると嘔吐、下痢、よだれ、胃炎、激しい腹痛、呼吸停止を引き起こす。子どもでは果実7個前後で、犬では5個ほどで中毒を起こすという。

果実

センダン　葉　花

イヌマキ（犬槇）

Podocarpus macrophyllus　マキ科

分布と生育環境：関東〜沖縄の暖地林内に自生　別名：ヒトツバ

●形態　高さ20mほどになる雌雄異株の常緑針葉高木で、民家や公共施設では、高さ4m前後のものが庭園樹として姿形よく刈り込まれている。果期には、白い粉を吹いた緑色の果実を先端にして、赤紫色に熟した果托を1〜2段つけて、串団子状になる。**●有毒成分と症状**　イヌマキラクトンを含み、種子を誤食すると嘔吐や下痢を起こす。子どもに花床を食べさせるときには、種子を食べないよう見守りが必要である。

果実（果托と種子）

イヌマキ

葉

雄花

イチイ（一位）

Taxus cuspidata　イチイ科

分布と生育環境：北海道〜九州の山地　別名：アララギ

●形態　高さ25m直径１mに達する雌雄異株の常緑針葉高木。葉は線形で尖っているが握っても痛くはない。３〜４月頃に小花が咲き、秋に赤く熟す果托は甘く、生食や果実酒にする。お椀形の果托の中心に種子が収まっているが、種子は有毒。イヌマキの果托だけを食するのに似ている。材が良質で和名に、高い評価の「一位」を献ぜられた。●有毒成分と症状　果托以外の植物全体にタキシンというアルカロイドを含み、種子を飲み込むと痙攣を起こし、呼吸困難で死亡することがある。子どもが、種子まで食べた中毒例が報告されている。

イチイ　　葉

タマネギなど「ネギ科」の植物

※イヌ・ネコ注意

●有毒成分と症状　ネギ類はイヌやネコなどが消化できない硫黄化合物を含み、これが赤血球を破壊するので、貧血に陥って死に至ることがある。この毒成分は加熱しても効果は衰えないという。少年時代に飼っていたネコの食事は家族の残りものだったが、魚の缶詰をタマネギと煮た料理の残り汁をかけたご飯が大好物と信じこんでいた。思いだせないのだが、その頃の飼いネコに健康被害は起きていなかったのだろうか。スルメを食べさせると間もなく嘔吐していたのは覚えている。有毒成分はアリルプロピルジスルファイド。

タマネギ料理

ネコ用汁かけご飯を作ってみた

ハナニラ（花韮）

Ipheion uniflorum　ネギ科

原産地：南米

●**形態**　球根植物で花壇に植えられ、または逸出して草丈20㎝ほどになる。ニラに似た葉を数枚伸ばし、花期は3～4月で、茎の先端に薄紫色で6花弁の花を1個咲かせる。●**有毒成分と症状**　有毒成分は不明だが、食べると下痢を起こすことがある。毒性が弱くて、ヒトではかなりの量を食べないと大事には至らないようで調理されたりもするらしいが、体質は人それぞれなので要注意。葉にはニラのような臭いがある。ただ、ペットの誤食には注意が必要。胃にたまった毛玉を吐き出すために、花壇のハナニラを食べるかもしれない。

ハナニラ　葉

花

オオオナモミ（大葉耳）

Xanthium occidentale　キク科

分布と生育環境：全国の日当たりのよい原野

●**形態**　高さ1.5mほどで大株になり、茎や葉がざらつく雌雄異花の一年草。果実の先端はクワガタムシのハサミ状で、全体に鉤状のとげが多くあって、子どもが「ひっつき虫」と称して投げ合って遊ぶ。マジックテープ発想のヒントになったという。毒もだが、長毛犬種の毛に絡まると大変である。●**有毒成分と症状**　カルボキシアトラクティロシドを含み、誤食すると歩行に支障、筋収縮、呼吸数と心拍数の増加、低血糖が起こる。

果実はとげが鋭い

オオオナモミ

葉

オナモミの果実（とげは小さい）

ナルトサワギク（鳴戸沢菊） *Senecio madagascariensis* キク科

分布と生育環境：本州中部～鹿児島県　別名：コウベギク（神戸菊）

花

●**形態**　少し前までは道路斜面の工事跡に見かける新参の植物だったが、最近は人里付近にも分布を広げている。繁殖力が強く他の植物を駆逐してしまうという理由から、特定外来生物に指定され、駆除を奨励されている。
●**有毒成分と症状**　アルカロイド系のセネシオニンを含み、摂食で肝臓・腎臓機能障害を起こし、発がん性もある。家畜が食べて中毒死した例がオーストラリアでは多数報告されている。

ナルトサワギク

葉

冠毛のついた果実

セイバンモロコシ（西蕃蜀黍） *Sorghum halepense* イネ科

分布と生育環境：東北地方以南の道端、堤防、畑地

果実

●**形態**　高さ1.5m前後に生長する多年草で、太い茎が束になって伸び出て大株になる。葉は幅４㎝、長さ50㎝前後、無毛で縁はススキのようにはざらつかない。花序は高さ40㎝ほどで、枝は開いて垂れ気味につく。小穂は、柄のあるものとないものが対になってついている。●**有毒成分と症状**　若葉はときに青酸を含み、家畜が食中毒を起こすので、牛馬の餌への混入をさける。また、花粉が原因で花粉症を引き起こすとされる。

セイバンモロコシ

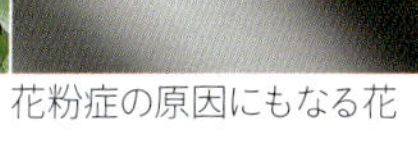
花粉症の原因にもなる花

アセビ（馬酔木）　*Pieris japonica ssp.japonica*　ツツジ科

分布と生育環境：本州〜九州のやや乾いた山中の日陰地

果実

●形態　自然状態での樹高は３ｍ前後。葉は濃い緑色で光沢があり、茎の先端に集まって放射状に互生する。若葉は赤みを帯びていて美しい。早春から、壺形で花弁の先が５裂した白色の花が集まって円錐状の花序を作っていて、ネジキの花に似ている。「馬酔木」は葉を食べた後の馬の容態から。**●有毒成分と症状**　全体にアセボトキシンを含み、誤食すると嘔吐、痙攣を引き起こす。牛馬や山羊などのエサに混じると中毒症状を起こす。

アセビ

葉

花（下はリュウキュウアセビ）

アメリカシャクナゲ（アメリカ石楠花）　*Kalmia latifolia*　ツツジ科

原産地：北米、キューバ　流通名（属名）：カルミア

花

●形態　高さ10ｍ前後に生長する常緑の高木。葉は長さ10㎝ほどの被針形で茎にらせん状につく。花期は４〜５月、花は直径２㎝ほどの白〜ピンクで美しいが、蕾は突起のある金平糖（こんぺいとう）形で、花期よりピンクが強くてもっと美しい。和名と異なり、シャクナゲの仲間ではない。**●有毒成分と症状**　葉にグラヤノトキシンを含み、家畜が誤食すると嘔吐、下痢、腹痛、神経麻痺を起こすので要注意。

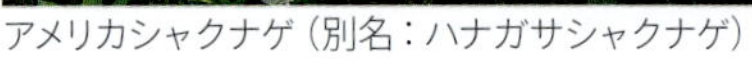
アメリカシャクナゲ（別名：ハナガサシャクナゲ）

葉

イラクサ（刺草・蕁麻）

Urtica thunbergiana　**イラクサ科**

分布と生育環境：本州～九州の山地の木陰

刺毛

●**形態**　植物全体に生えている刺毛に、有害な成分を含む。ミヤマイラクサは山菜として重宝されている。●**有毒成分と症状**　ガラス針のようなとげの内部にヒスタミン、アセチルコリンを含み、触れると折れて刺さり、小一時間ほどは強烈にチクチク痛み腫れあがる。イラガの幼虫の毛に触れたときよりも回復に時間がかかった。患部にガムテープを張ったりはがしたりしてとげを抜くと、痛みの回復がいくらか早いようである。

イラクサ

葉は鋸歯が深い

ウルシ科の植物によるかぶれ

古くは日本に自生するヤマハゼやヤマウルシなどをまとめてハゼと称した。果実から木臘を採取する目的で、江戸時代に琉球からハゼノキが持ち込まれ、それまで自生していたウルシは駆逐された。ウルシ科の樹木を傷つけたときにしみ出る汁液はウルシオールを含み、皮膚につくと、激しい痒みを伴う炎症や水泡性皮膚炎を生じる。鹿児島の方言ではその症状をハッマケ（ハゼ負け）という。樹木に直接触れなくても、葉を伝って落ちてきたしずくに濡れてかぶれた経験があるが、皮膚が敏感な人はハゼノキの近くを通っただけでもかぶれるらしい。うるし科の植物に触れたときは、患部をよく水洗いするのが緊急の対処法である。かぶれても我慢していると、１週間以内には回復する。

ハゼノキ（櫨の木）　*Toxicodendron succedaneum*　ウルシ科

分布と生育環境：関東地方南部～沖縄の山野

●**形態**　高さ10mほどの雌雄異株の落葉高木。若枝や葉脈に毛がなく小葉が基部から先に向けて次第に狭くなる。紅葉の代表格。●**有毒成分と症状**　ウルシオールに腕がかぶれた写真は、出版社の青年スタッフが試してくれた生々しい画像で、本人にとっては初めての経験とのこと。

ハゼノキ（葉や茎は無毛）葉の表　雄花　果実　葉に触れてかぶれた腕

ヤマハゼ（山櫨）　*Toxicodendron sylvestre*　ウルシ科

分布と生育環境：関東～沖縄の山地の林内や林縁

●**形態**　高さ10mほどの雌雄異株の落葉高木。葉身は13枚前後の小葉からなる奇数羽状複葉で、小枝や若い葉や葉柄の両面に多くの毛があるのが、ハゼノキとの簡単な区別点。5月頃、黄緑色の小花が多数集まって円錐花序をなす。●**有毒成分と症状**　ハゼノキと同じ。

ヤマハゼ（葉や茎は多毛）　葉　果実　雌花

ヤマウルシ（山漆）　*Toxicodendron trichocarpum*　ウルシ科

分布と生育環境：全国の山地

●**形態**　雌雄異株の落葉低木。葉身は13枚前後の小葉からなる奇数羽状複葉で、葉の両面に毛がある。下部の小葉ほど短く、最下部の小葉の長さは上部の半分以下になる。果実に剛毛がある。タラノキの新芽と見誤って採集したという人もいる。●**有毒成分と症状**　ハゼノキと同じ。

ヤマウルシ　小葉は下部ほど短い　葉　果実　雌花

ツタウルシ（蔦漆）

Toxicodendron orientale ウルシ科

分布と生育環境：北海道〜九州の林内で樹幹を這う

●形態　蔓は直径10㎝超になり、着生根で樹木を頂上まで這い上がる。葉は三出複葉、小葉は幅４㎝長さ７㎝前後の卵状楕円形で先が尖り、表面は光沢がある。花期は６〜７月頃で、花は長さ10㎝ほどの円錐花序につき、黄緑色で直径約５㎜。果実は潰れた球形で、縦に多くの皺が入り、８〜９月頃熟す。●有毒成分と症状　ウルシオールを含み、汁液に触れるとひどくかぶれるので、見事な紅葉を見つけても手にしてはいけない。

ツタウルシ　アカマツを４ｍも這い上がる　　葉　　果実

ヌルデ（白膠木）

Rhus javanica ウルシ科

分布と生育環境：全国の林縁や道端など

●形態　高さ４ｍ前後のものをよく見かける雌雄異株の落葉小高木。葉は11枚前後の小葉からなる奇数羽状複葉で、葉軸に沿って翼がつくのが一番の特徴。７〜８月に枝先に円錐形の大きな花序をつける。●有毒成分と症状　ウルシオールを含む。ヌルデにはかぶれないという自信のあった人が試したら、数日後に敏感な部分（脇腹）にかぶれが発生したという報告がある。ハゼノキには全く弱い私だが、ヌルデは何ともない。

果実

ヌルデ

葉は中軸に翼があるのが特徴　　雌花

イチョウ（銀杏） *Ginkgo biloba* イチョウ科

分布と生育環境：全国の公園や校庭などの陽地

●形態　高さ20m超になる落葉高木。樹形や黄葉が好まれて各地に植えられているが、落葉の掃除が大変。種子は串焼きや茶碗蒸しの具などに好まれる。種子の外側の軟らかい皮は、臭いが強烈なうえに、皮膚が敏感な人には厄介ものである。●有毒成分と症状　ギンコール酸、ギンコトキシンを含み、外種皮の汁液が皮膚につくとかぶれて痒みを伴い、やがて皮膚がむける。私は少年時代そうだったが、成長につれて何ともなくなった。

種子

左下は種皮。これにかぶれる

葉

雄花（上）と雌花（下）

オニグルミ（鬼胡桃） *Juglans mandshurica var. sachalinensis* クルミ科

分布と生育環境：北海道～九州の山地の川沿いなど

●形態　直径１m高さ25mほどになる落葉高木で、日本と満州に自生する。葉は９～11枚の小葉からなる奇数羽状複葉で、若い枝には腺毛がびっしりつく。花期は５～６月で、長い雄花序が束になって垂れているのが目立つ。雌花序は赤くて立ってつく。種子は食用になる。●有毒成分と症状　汁液にユグロン、タンニンなどを含み、未熟果皮や葉の毛に触れると、皮膚がかぶれることがある。素手で皮をむくのは控えた方がよい。

果実

オニグルミ

雌花

葉の頂小葉

雄花

ウマノアシガタ（馬の足形）

Ranunculus japonicas　**キンポウゲ科**

分布と生育環境：北海道〜南西諸島の日当たりのよい山野

●形態　高さ50㎝前後の多年草。根元近くの葉は柄が長く、基部は円心形で３〜５に切れ込む。茎上部につく葉は基部まで深く切れ込む。花期は４〜５月、花は直径２㎝ほどで、花弁は黄色で光沢がある。果実は直径約７㎜のほぼ球形で、果実の先は少しだけ曲がる。**●有毒成分と症状**　プロトアネモニンを含み、汁液が皮膚につくとかぶれ、誤食すると嘔吐、下痢、腹痛、胃腸炎などを起こす。汁液が皮膚についたら十分に水洗いする。

花は花弁が広い

ウマノアシガタ（別名：キンポウゲ）　葉は切れ込むが独立しない　果実は先端が少し曲がる

キツネノボタン（狐の牡丹）

Ranunculus silerifolius　**キンポウゲ科**

分布と生育環境：全国の水田近くの溝や畦

●形態　ウマノアシガタに似るが、三出複葉で、３枚の小葉に短い柄があって独立している点や、花弁の幅が狭いので５枚の花弁の隙間が広く見えること、果実の先端が強く曲がる傾向がある点などが区別点になる。茎の上部の葉は独立しないで、深く切れ込んでいる。**●有毒成分と症状**　ウマノアシガタに同じ。まだ花が咲いていない時期に、山菜のミツバと見誤って採集したのであろうと思われる現場に出合うことがある。

花は花弁が狭い

キツネノボタン　果実は先が鉤状　葉は３小葉に分かれる（下はミツバ）

タガラシ（田辛子）

Ranunculus sceleratus **キンポウゲ科**

分布と生育環境：日本全土の水田や用水路など

●**形態**　茎の高さ50㎝前後になる一年草～越年草。茎は黄緑色で軟らかく光沢があり、葉はウマノアシガタに似て深く３～５裂して、裂片がさらに中くらいに裂ける。花期は４～５月、花は直径１㎝足らずで光沢の強い小さな５枚の花弁をつける。前掲の２種に似るが、果実が金平糖状にならず、長さ12㎜ほどの楕円体の集合果になるのが特徴。●**有毒成分と症状**　ウマノアシガタに同じ。

花

タガラシ

葉

果実

センニンソウ（仙人草）

Clematis terniflora **キンポウゲ科**

分布と生育環境：全国各地の日当たりの良い草原や林縁

●**形態**　常緑の蔓性低木。葉は卵形で全縁の７枚前後の小葉からなり、葉柄で他物に絡み付く。花は十字形で、花弁のように見える４枚の純白の萼と、雌しべと多くの雄しべからなり６～８月に咲く。果実は細長い６個の分果の集まりで、その先端につく白くて長い毛を仙人のヒゲに見立てて和名がついた。４月頃に結実する。屋久島の大川の滝近くで見たヤンバルセンニンソウは葉が厚かった。●**有毒成分と症状**　ウマノアシガタに同じ。

花

果実（左下）

葉

ヤンバルセンニンソウ

ボタンヅル（牡丹蔓） *Clematis apiifolia* キンポウゲ科

分布と生育環境：本州〜九州の日当たりの良い草原や林縁

●形態　全体の感じは、センニンソウによく似ているが、本種は落葉であること、雄しべが萼と同じくらいに長いこと、葉が三出複葉で葉縁に鋸歯がある点で異なる。花は多数集まって花序を形成する。本種によく似ているものにコバノボタンヅルがあるが、そちらは葉が２回三出複葉で小葉が９枚あることと、花が２〜３個だけ集まっていて、２倍くらい大きい点で区別される。●有毒成分と症状　ウマノアシガタに同じ。

果実

ボタンヅル　花（下はコバノボタンヅルの両性花）　葉

シロバナハンショウヅル（白花半鐘蔓） *Clematis williamsii* キンポウゲ科

分布：日本の固有種で千葉県以西の太平洋側〜九州

●形態　林縁で低木に絡み付く、蔓性の半低木。葉は三出複葉で長い柄があり、白毛が多い。小葉は卵形で先が３つに浅裂し鋸歯がある。花期は４〜６月、花弁のように見える萼は黄白色に近い色で、幅の広い釣鐘形に咲く。萼片は薄くて、外側に毛が生えている。●有毒成分と症状　ウマノアシガタに同じ。ハンショウヅルの仲間の毒素は、誤食により死に至るほど強い。神経の麻痺が主な症状になる。

果実

シロバナハンショウヅル　花　葉

タカネハンショウヅル（高嶺半鐘蔓）　*Clematis lasiandra*　キンポウゲ科

分布：近畿地方〜四国、九州

●**形態**　蔓性の落葉低木、葉は2回三出複葉で先が尖る。花期は8〜10月で仲間の多くが春に開花するのに対して遅く、全開せず半鐘形でうつむいて咲く。花弁状の萼片は先が反って、内側が赤紫色をしている。晩秋に、雌しべの先端が変化した白い綿毛で風を受けて、果実を遠くに飛ばす。タカネとつくが、里近くの低い山中にも生育している。●**有毒成分と症状**　シロバナハンショウヅルに同じ。

タカネハンショウヅル　　花

ヤマハンショウヅル（山半鐘蔓）　*Clematis crassifolia*　キンポウゲ科

分布：四国〜九州南部

●**形態**　5mほどに伸びる常緑の蔓性木本で、葉は三出複葉。小葉は鋸歯がなく光沢が強く楕円形。サネカズラに似た葉の柄で他物に絡み付いて高所へ這い上がる。花は、長さ15㎜ほどで長楕円形の白い4個の萼からなり、それが大きく反り返って上向きに咲いている。花期は11〜1月で、冬に咲く花は少ないので、見かけたらまず本種と考えてよい。●**有毒成分と症状**　シロバナハンショウヅルに同じ。

花

ヤマハンショウヅル

葉

果実

テッセン（鉄線）　*Clematis florida*　キンポウゲ科

原産地：中国原産の園芸植物　別名：クレマチス

●形態　花期は５～６月で、花弁のような６枚の萼片が平開して直径７㎝前後の花になる。和名は蔓が針金のように丈夫なことに由来する。日本原産の「カザグルマ」は、萼片は普通８枚で花の直径は10~15㎝。●有毒成分と症状　シロバナハンショウヅルに同じ。

テッセン　葉　花　カザグルマ　花

イチリンソウ（一輪草）　*Anemone nikoensis*　キンポウゲ科

分布と生育環境：本州、四国、九州の落葉樹林内や林縁

ヤエイチリンソウ（湧水町）

ニリンソウ

●形態　小葉の縁に多数の深い切れ込みのある三出複葉が３枚、短い柄で茎に輪生する。本種の茎葉に柄があるのに対して、ニリンソウは無柄なので、区別がつく。●有毒成分と症状　全草が有毒。プロトアネモニンを含む。食べると胃腸炎を起こす。山菜とされるニリンソウとの誤食に要注意。

オオヤマオダマキ（大山苧環）　*Aquilegia buergeriana var.oxysepala*　キンポウゲ科

分布と生育環境：北海道～九州の山地の林縁や道端の草地

●形態　高さ40㎝程の多年草。７月頃５個の花弁と萼片をもつ直径３㎝ほどの花が咲く。花弁は黄色で、萼は青～紫褐色。花の後ろに、距が巻いてつく。●有毒成分と症状　プロトアネモニンを含み、汁液でかぶれ、口にすると嘔吐、下痢、胃腸炎、心臓麻痺、心停止を引き起こす。

オオヤマオダマキ

花

株

セイヨウオダマキの果実（左）と葉（右）

オキナグサ（翁草）

Pulsatilla cernua　**キンポウゲ科**

分布と生育環境：本州〜九州の日当たりのよい草原

花

●形態　花期の花柄の高さは20㎝ほどだが、花後には果柄が40㎝ほどにもなって、種子を飛ばすための風を待っている。３〜４月に暗赤紫色の花が花茎の頂上に１個咲く。花弁状の２㎝ほどの萼が６枚あって、外側には白い毛が多くつく。放牧場にある自生地では、家畜が食べないのでオキナグサの大群落がみられる。**●有毒成分と症状**　全草に心臓毒プロトアネモニンを含み、オオヤマオダマキと同様の症状を引き起こす。

果実（左下）　葉

ヒメウズ（姫烏頭）

Semiaquilegia adoxoides　**キンポウゲ科**

分布と生育環境：関東〜九州の人里の道端や石垣

花

●形態　草丈30㎝前後の多年草。葉裏が紫色を帯びていて、地面近くに出る葉は１〜２回三出複葉。花期は３〜５月で、長さ約５㎜で花弁のように見える白色の５個の萼が外側に半開きにつく。その内側に長さ約２㎜の５花弁が筒状に並ぶ。果実は約３個で上向きにつく。**●有毒成分と症状**　プロトアネモニンを含み、汁液がつくとかぶれ、食べると胃腸炎を起こし、大量に摂ると心臓疾患を引き起こすという。

ヒメウズ

葉

果実

郵便はがき

料金受取人払郵便

鹿児島東局
承認

300

差出有効期間
2027年2月
4日まで

有効期限が
切れましたら
切手を貼って
お出し下さい

892-8790

168

鹿児島市下田町二九二—一

図書出版
南方新社 行

ふりがな 氏　名		年齢　　歳	
住　所	郵便番号　　　—		
Eメール			
職業又は 学校名		電話（自宅・職場） （　　）	
購入書店名 （所在地）		購入日	月　日

書名　(　　　　　　　　　　　　　　　　　　　　)愛読者カード

本書についてのご感想をおきかせください。また、今後の企画についてのご意見もおきかせください。

本書購入の動機 (○で囲んでください)

A　新聞・雑誌で　（　紙・誌名　　　　　　　　　　　　）
B　書店で　　C　人にすすめられて　　D　ダイレクトメールで
E　その他　（　　　　　　　　　　　　　　　　　　　　）

購読されている新聞, 雑誌名

新聞　（　　　　　　　　　）　雑誌　（　　　　　　　　　）

直 接 購 読 申 込 欄

<table>
<tr><td colspan="3">本状でご注文くださいますと、郵便振替用紙と注文書籍をお送りします。内容確認の後、代金を振り込んでください。（送料は無料）</td></tr>
<tr><td>書名</td><td></td><td>冊</td></tr>
<tr><td>書名</td><td></td><td>冊</td></tr>
<tr><td>書名</td><td></td><td>冊</td></tr>
<tr><td>書名</td><td></td><td>冊</td></tr>
</table>

ウラシマソウ（浦島草） *Arisaema urashima* サトイモ科

分布と生育環境：北海道〜九州の林縁から林中

●形態　高さ50㎝前後の宿根性多年草。葉は１枚で、15個前後の小葉に分かれて鳥足状に出る。花は地表近くに咲き、花の先端からは、付属体が上向きに伸びて途中から垂れさがる。それを浦島太郎が持つ釣り竿に見立てた。果実は秋に赤く熟す。よく似たナンゴクウラシマソウは、小葉が狭く主脈が白い筋状に見える。●有毒成分と症状　汁液に蓚酸カルシウムを含み、接触でかぶれ、誤食で激しい口内炎・胃炎などを引き起こす。

花

ウラシマソウと果実（右下：未熟）　撮影：市川聡氏　　ナンゴクウラシマソウの葉と果実（左下：完熟）

オオハンゲ（大半夏） *Pinellia tripartite* サトイモ科

分布と生育環境：関東〜沖縄の林内や林縁

●形態　高さ50㎝前後の多年草で、葉は１球に数枚つき、それぞれ３つに深く切れ込むが、つながっていて独立はしていない。葉柄にムカゴはつかない。花期は６〜８月で、茎の先に仏炎苞をつけ、その中に多くの小花を集めた肉穂花序が収まる。花序の先端に釣り竿状の付属体が立ち上がる姿はウラシマソウに似ている。果実が熟すと仏炎苞はなくなって、果実が目立つようになる。●有毒成分と症状　ウラシマソウに同じ。

花

果実（左下）　　葉

カラスビシャク（烏柄杓）

Pinellia ternata　サトイモ科

分布と生育環境：北海道～九州の山地の道端や畑

●形態　畑の雑草という感じで生育している。直径1㎝ほどで球形の小さな地下茎の上に1～2枚の葉を伸ばし、先端に3枚の小葉、葉柄の途中と小葉の基部にムカゴをつけている。花茎は葉よりもぐんと抜き出て、高さ30㎝前後。花期は5～8月頃、仏炎苞は長さ5㎝ほどで、仲間のそれと形はほとんど違いがない。肉穂花序の先端がムチのように長く伸び出ている。●有毒成分と症状　ウラシマソウに同じ。

ムカゴ

カラスビシャク（撮影：大工園認氏）

幼植物

葉

ヤマゴンニャク（山蒟蒻）

Amorphophallus hirtus var.kinsianus　サトイモ科

分布と生育環境：高知県、九州南部～沖縄の湿った常緑林下

●形態　花茎の高さ50㎝前後の多年草で、地下に押し潰したような大きな球茎がある。葉は1枚で開花前に姿を現し、開花後に3裂したあとさらに2つに裂ける。花期は5～6月で茎の先端に1個咲き、仏炎苞はロート形で、舷部は上向きに開放している。果実は熟すと、上部から緑色、赤色、濃い紺色へと変色していく。絶滅危惧II類に位置付けられている貴重種。

●有毒成分と症状　ウラシマソウに同じ。

花

ヤマゴンニャク　葉

果実

コンニャク　葉

ヒメテンナンショウ（姫天南星）

Arisaema sazensoo　サトイモ科

分布と生育環境：九州の林内の日陰地　別名：キリシマテンナンショウ

果実（完熟）

●形態　高さ40㎝前後の多年草。葉は１枚出て、30㎝ほどの柄の先に７個ほどの小葉が鳥足状に裂けてつく。小葉は楕円形で、小葉の主軸に沿って白い筋が入ったものが多い。花期は４～５月で地面近くに咲き、仏炎苞は濃い紫色で大きい。付属体は太い円柱形で、初めは黄白色だが、熟すと真っ赤になる。霧島山の林内に多く、キリシマテンナンショウの別名をもつ。●有毒成分と症状　ウラシマソウに同じ。

ヒメテンナンショウ　幼植物の葉　花

ムサシアブミ（武蔵鐙）

Arisaema ringens　サトイモ科

分布と生育環境：近畿～沖縄のやや湿った林内

花

●形態　高さ80㎝前後になる多年草。葉は２枚出て、それぞれ短い柄で３枚の小葉に分かれる三出複葉。花は葉より下位につき白い棒状で、それを包んでいる仏炎苞は紫色か緑色で、縦に白線が多数入る。仏炎苞の蓋の部分（舷部）は袋状に膨れていて先が水平に突き出ている。その形を乗馬器具のアブミに見立てた。果実は初め美しい翡翠色で、のちに朱赤色に熟す。●有毒成分と症状　ウラシマソウに同じ。

ムサシアブミ　右下は果実　葉　小葉は３枚に分かれている

ユキモチソウ（雪餅草）

Arisaema sikokianum サトイモ科

分布と生育環境：近畿地方と四国の林内

●形態　球茎から高さ30㎝ほどの茎を伸ばし、２又に分かれた葉柄の先にそれぞれ鳥足状に５枚ほどの小葉をつける。仏炎苞は外側が紫褐色に白い筋入りで、内側は黄白色。その中心に先端が餅のように丸く膨れた白いこん棒状の付属体がある。元々の自生地のものは絶滅危惧Ⅱ類にランク付けされているが、栽培家によって殖やされて、甲突川（鹿児島市）河畔の恒例の木市などで販売されてもいる。私も株を購入して繁殖をねらったが、栄養状態で雄株にしか生長せずに、数回試みたが、自分で殖やすのはあきらめた。**●有毒成分と症状**　ウラシマソウに同じ。

ユキモチソウ　　上は群落　　花

ツクシヒトツバテンナンショウ（筑紫一葉天南星）

Arisaema tashiroi サトイモ科

分布と生育環境：九州地方の林内や林縁　別名：タシロテンナンショウ

●形態　茎は高さ50㎝ほどで先端が２又に分かれ、それぞれの先に小葉がついて鳥足状になる。花は葉より上につき、緑色に白線の入った仏炎苞の先端がごく短いのも特徴。果実は初夏の翡翠色を経て、秋には見事に赤熟する。鹿児島・宮崎の固有種で霧島山・高千穂河原付近の林下には多い。「ヒトツバ」は、初採集の基準標本がたまたま１枚の葉だったことによるらしい。**●有毒成分と症状**　ウラシマソウに同じ。

花

ツクシヒトツバテンナンショウ

果実（未熟）

果実（完熟）

イワタイゲキ（岩大戟）　*Euphorbia jolkinii*　トウダイグサ科

分布と生育環境：本州（房総半島）以西の海岸や川岸の岩場

●形態　高さ50㎝前後になる多年草で、海岸の岩場などに岩を抱え込むようにして生育している。太い茎が直立し、４～５月頃その先端に黄色い苞葉に包まれた小花が咲いているが、遠目には苞葉と花の区別がつかず、黄色の大きな花のように見える。傷つけると白い液がしみ出てきて、臭いもよくない。「大戟」はトウダイグサの中国名。●有毒成分と症状　オイフォルビン酸やオクタコサールなどを含み、汁液に触れると皮膚がかぶれ、鼻炎や結膜炎を起こす。誤食すると口内や喉の炎症のほか、嘔吐、下痢や重い胃腸炎を起こす。

イワタイゲキ　　花（撮影：市川聡氏）

タカトウダイ（高燈台）　*Euphorbia lasiocaula*　トウダイグサ科

分布と生育環境：本州以南の日当たりのよい畑など

●形態　高さ70㎝前後の二年草で、日当たりの良い畑などに生育する。茎の頂上から多くの花茎を放射状に伸ばし、丸みのあるへら形の葉が５枚ずつ輪生して賑やかである。葉は秋に紅葉して美しい。花期は７～８月で、椀状の苞葉の中に１つの雌花と複数の雄花が集まっていて、黄色く見える。植物体を傷つけると白色の乳液がでる。ナツトウダイは、名にそぐわず花期は４～５月で、花は紅褐色である。●有毒成分と症状　ユーフォルビンを含み、毒性は強く、皮膚につくとかぶれ、誤食すると嘔吐、下痢、胃腸炎などを引き起こす。

タカトウダイ（撮影：すべて大工園認氏）　　ナツトウダイ　左下は果実

コニシキソウ（小錦草）

Euphorbia supina **トウダイグサ科**

分布と生育環境：全国の道端や畑に普通

コニシキソウ　葉

●形態　ニシキソウ・コニシキソウ・ハイニシキソウは、いずれも地面に張り付くようにして広がっている。茎の各所から根を出すので、絶やすのには難儀する。コニシキソウは、葉の表面の中央部に暗紫色の斑紋がある。オオニシキソウは直立して高さ30㎝前後になる。花期は6～10月。**●有毒成分と症状**　ホルボールエステルを含み、ちぎると白い乳液がしみ出す。知人が畑の除草作業中に、この汁液がついて手の皮膚がかぶれた。

コニシキソウ　葉面に暗い斑が入る　　オオニシキソウ　茎は立つ　　ニシキソウ　汁液

ナンキンハゼ（南京櫨）

Triadica sebifera **トウダイグサ科**

分布と生育環境：中国原産で街路樹、公園樹として植栽

雄花

●形態　高さ15mほどの落葉高木。花期は5～6月で、雌雄異花の黄色い花を多数咲かせる。紅葉が美しいので、公園や街路に植栽される。臘を作るのに使われた。**●有毒成分と症状**　種子の油にジテルペン酸エステルなどを含み、汁液に触れると皮膚がひどくかぶれる（体験談）。種子を誤食すると嘔吐、下痢、腹痛などに襲われる。果実が純白で美しいので、幼児が口に運ばないように見守りが必要。

ナンキンハゼ　果実が多数ついている

果実　　紅葉

カクレミノ（隠れ蓑）

Dendropanax trifidus　**ウコギ科**

分布と生育環境：本州～沖縄の林内

●形態　高さ５m前後の常緑小高木。若木の葉は３～５に切れ込むものが多いが、和名は、これを天狗が姿を消すときに着るという蓑に見立ててついた。万葉集には、ミツナガシワの名で詠まれている。**●有毒成分と症状**　ウルシオールを含み、花屋さんなどからの報告では、汁液がつくことで皮膚がかぶれるという。一般の人は、葉の形や名前にひかれて葉をちぎらないこと、職業的に接触が避けられない人は、手袋の使用が必要。

花

カクレミノの成木。切れ込みがない　　果実（右下）　　幼木の葉。深く切れ込む

キヅタ（木蔦）

Hedera rhombea　**ウコギ科**

分布と生育環境：北海道南部～沖縄の山地や平地に普通

●形態　常緑の蔓性低木、着生根で樹木を這い上がる。葉には厚みがあり、長さ３㎝ほどの柄で互生。成葉は菱形状卵形で鋸歯がなく、濃い緑色で光沢がある。花期は10～12月で、黄緑色の５弁花が枝先に球形に集まって咲く。翌春に直径６㎜ほどで球形の果実が黒く熟し、球状に集まってつく。**●有毒成分と症状**　アレルギー物質のファルカリノールを含み、汁液で皮膚がかぶれることがある。誤食すると嘔吐、下痢、腹痛などを起こす。

花

キヅタ　冬も葉があるので別名フユヅタ　　果実（右下）

幼木の葉。切れ込んでいる

セイヨウキヅタ（西洋木蔦）

Hedera helix ウコギ科

原産地：アジア、欧州、北アフリカ　流通名（属名）：ヘデラ、アイビー

葉（斑入りの園芸種）

●形態　常緑の蔓植物で、細かい根をたくさん発生させて崖や建物の壁を這い上がり、長さ30m近くにもなる。日本では観葉目的で板につけて鉢植えにしたり、グラウンドカバーとして地面を這わせたりして利用されるが、管理をしっかりしないと建物に大被害を受けることになる。自生国では建物などに被害を与えることがあって、栽培を禁止する所もあるらしい。

●有毒成分と症状　キヅタに同じ。

セイヨウキヅタ（葉面が広い園芸種）　斑入りの園芸種

クサノオウ（瘡の王）

Chelidonium majus var.asiaticum ケシ科

分布と生育環境：北海道〜九州の野原や林縁、人家の草地

花

●形態　高さ40㎝前後の二年草。葉は２回羽状複葉で深裂する。花期は６月前後で、鮮やかな黄色の４花弁をもち直径２㎝ほど。果実は長さ３㎝ほどの莢状で、中に半球形の黒い種子が収まる。植物体を傷つけると不気味な黄色い汁液が出る。●有毒成分と症状　アルカロイドのケリドニンを含み毒性が強く、汁液に触れると皮膚にひどい炎症を起こし、誤食すると嘔吐、下痢のほか昏睡、呼吸麻痺に陥る。ヒトや家畜の死亡例がある。

クサノオウ（鹿児島県立博物館脇の石垣）　果実（上）と汁液（下）　葉

オオイタビ（大崖石榴）　*Ficus pumila*　**クワ科**

分布と生育環境：千葉県〜沖縄の林縁

●形態　常緑で雌雄異株の蔓性木本、茎から出る気根で張り付き樹木や壁を這い上がる。花（および果実）はイチジクと同様に壺状で、内側につくので外からは見えない、雌株では10月頃に果嚢が裂けて果肉が食べられるが、雄株の花嚢はいつまでもスポンジ状。普通に見つかるので、ぜひとも果実を食べていただきたい。仲間のイタビカズラとヒメイタビは、花嚢（果嚢）が直径15㎜ほどと小さい。**●有毒成分と症状**　傷つけた茎や葉から出る汁液にフロクマリンを含み、乾くにつれてべとつきが増すが、皮膚の敏感な人はかぶれるので要注意。

長楕円形の葉

オオイタビの果実。雌株に実る。甘くておいしい。直径30㎜

雄花嚢　スポンジ状　切り口の汁液

ヒメイタビ　直径15㎜

ヒメイタビの葉。長さ2〜3㎝

ヒメイタビ

イタビカズラ　直径15㎜

イタビカズラの葉。長さ5㎝程

タケニグサ（竹似草）

Macleaya cordata　**ケシ科**

分布と生育環境：本州〜九州の日当たりのよい草原や林縁

●**形態**　高さ２m近くになる多年草。茎を切ると猛毒の黄色い汁液で服や手が染まり、洗ってもとれにくい。葉は25㎝ほどの楕円形で中くらいに切れ込み、裏が白い。花は大きな花序を作り、白い萼と雄しべが目立つ。果実は薄茶色の倒披針形で平たく、振るとサラサラと乾いた音がする。●**有毒成分と症状**　アルカロイドのサンギナリンを含み、汁液に触れると皮膚炎に、誤食すると嘔吐、下痢、血圧降下、呼吸麻痺に陥る。

果実

タケニグサ

葉（上）と黄色い汁液（下）

花

オトギリソウ（弟切草）

Hypericum erectum　**オトギリソウ科**

分布と生育環境：全国の草地

●**形態**　日当たりの良い山野に生える多年草で、高さは50㎝ほど。葉は広披針形で柄がなく、茎に対生し少し茎を抱く。７〜９月頃に、直径２㎝ほどの黄色の５弁花を円錐状に咲かせる。昔は切り傷の止血や、タカなどの病気を治すとされた。葉の表面に黒っぽい油点が散在するが、これを兄に切られた弟の血とする伝説がある。●**有毒成分と症状**　葉に点々とみられる褐色の油点はヒペリシンという色毒素を含んでいて、紫外線に当たると毒性が引き出されて皮膚炎が起きる。牛馬が食べて日光に当たり、強い皮膚炎を起こして脱毛したという報告もある。

オトギリソウ　株　花

サワギキョウ（沢桔梗）　*Lobelia sessilifolia*　キキョウ科

分布と生育環境：北海道〜九州の山地の湿った草原や湿原

果実

●**形態**　高さ70㎝前後の多年草で、湿地に直立して生える。花期は８〜９月頃、茎の上部に濃い紫色で、上２片、下３片の５つに深く裂けた唇形の花を咲かせる。雄しべが花粉を出し終えてから雌しべが受粉の準備をする。園芸店にはヨウシュサワギキョウが多種並んでいる。●**有毒成分と症状**　アルカロイドの強毒ロベリンを含み、汁液で皮膚がかぶれ、誤食すると嘔吐、下痢、血圧降下を引き起こし、心臓麻痺から死に至ることがある。

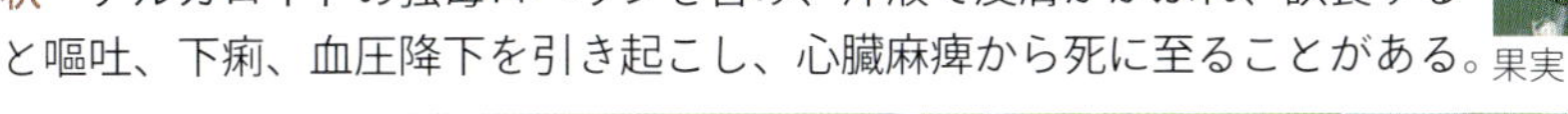

サワギキョウ

花

葉

テイカカズラ（定家葛）　*Trachelospermum asiaticum*　キョウチクトウ科

分布と生育環境：本州〜九州の林縁などで樹木に絡まる

花

●**形態**　幹の直径が数㎝になって、高木の頂上まで伸び上がる常緑の蔓植物。葉は長さ３㎝ほどで、見事な紅葉も含まれる。花期は６月頃で、筒状の花の先端が５裂して少しずつねじれ、船のスクリューに似た形になる。花は純白から淡黄色に変化し、強い芳香を放つ。果実は２個がくっつき、完熟すると白い毛のついた果実が現れる。●**有毒成分と症状**　トラチェロシドを含み、皮膚が敏感な人は、汁液に触れるとかぶれることがある。

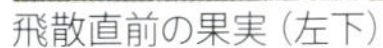
飛散直前の果実（左下）

葉

コクサギ（小臭木）

Orixa japonica　**ミカン科**

分布と生育環境：本州～九州の樹林内

雄花

●形態　高さ３m内外になる雌雄異株の落葉低木。花期は４～５月。葉のつき方が独特で、互生だが右右左左……とつき、「コクサギ型」の葉序という。葉は倒卵形で強い光沢があり特有の臭いがあるが、絶対的に嫌な臭いというほどでもない。昔は便槽のウジ殺しとして利用されていたという。**●有毒成分と症状**　オリキシン、スキアニンなどの有毒成分を含み、汁液が皮膚につくとかぶれを起こし、食べると心臓麻痺や痙攣を起こす。

コクサギ　　葉の裏　　果実

ヤツデハナガサ（八手花笠）

Helleborus　**キンポウゲ科**

原産地：地中海沿岸～西アジア　流通名：クリスマスローズ

葉の一部（小葉）

●形態　高さ40㎝前後の常緑多年草で、花期は12～４月。白、淡緑、桃、淡黄など多様な色の５枚の萼片をもつ直径６㎝ほどの花で、うつむき加減に咲く。「クリスマス」は、原種が原産国ではクリスマスの頃に咲くことによる。花弁に見える部分が萼片のため、花期が長い。**●有毒成分と症状**　未熟果の汁液が付着した部分に皮膚炎、麻痺、水ぶくれを生じる（体験談）。ヘレブリンを含み、誤食すると嘔吐、痙攣、心臓停止などを引き起こす。

ヤツデハナガサ（クリスマスローズ）　　多様な色の花

シュウメイギク（秋明菊）

Anemone hupehensis var. japonica　**キンポウゲ科**

原産地：中国

花

●形態　高さ80㎝前後の多年草。古い時代に中国からもたらされたとされるが、現在では、本州〜九州の山野や人里近くに逸出して、野生状態で見られる。開花は8〜10月で、花びらに見える萼には、赤紫色と白色がある。別名を貴船菊（きぶねぎく）とよび、茶花によく使われる。**●有毒成分と症状**　プロトアネモニンを含み、汁液が肌につくと水ぶくれなどの皮膚炎を引き起こす。植物体に触れたあとは水で十分に洗いたい。

シュウメイギク

蕾（上）と赤花（下）

ボタンイチゲ（牡丹一華）

Anemone coronaria　**キンポウゲ科**

原産地：地中海沿岸　流通名（属名）：アネモネ

花

●形態　球根から切れ込みの深い２回三出複葉を出し、高さ30㎝前後で、茎の先端に直径５㎝前後の花を１個咲かせる。花期は３〜４月で、一重咲き、八重咲き、花色も多い。花弁のように見える部分は萼片である。アネモネという流通名で呼ばれるのが普通で、別名をベニバナオキナグサとも称する。**●有毒成分と症状**　プロトアネモニンを含み、汁液が肌につくと腫れあがって化膿する人もある。

ボタンイチゲ（アネモネ）

葉

ハナキンポウゲ（花金鳳花）

Ranunculus asiatics　キンポウゲ科

原産地：欧州、西アジア　流通名（属名）：ラナンキュラス

●形態　文献によっては、世界中に1000を超える品種があるとされる。日本では普通はラナンキュラスと呼ばれている。高さ40㎝前後で、とても多くの薄い花弁が幾重にも重なっていて豪華に見える。花期は４～５月で、花色も赤、白、黄、桃、橙と豊富である。●有毒成分と症状　プロトアネモニンを含み、汁液が肌につくと水ぶくれなどの皮膚炎を引き起こすほか、口に入ると激しい口内炎や下痢を起こす。

ハナキンポウゲ（ラナンキュラス）　葉　花

シクラメン

Cyclamen persicum　サクラソウ科

原産地：地中海地方

●形態　地下に肥大化した塊茎をもつ多年草で、花期は秋～春。12月になると、園芸店は本種の独壇場になる。花の色はピンク、赤、白、黄と変化に富む。日本へは明治時代に渡来。●有毒成分と症状　シクラミンというサポニン配糖体を含み、汁液で皮膚炎を起こす。誤食すると嘔吐、下痢、胃腸炎を引き起こし、大量に摂取すると死に至るという。むかし原産国辺りでは、デンプンを救荒植物として食べた歴史があるらしい。

葉

シクラメン

花

花のアップ（うつむいている）

セイヨウサクラソウ（西洋桜草）　*Primula obconica*　サクラソウ科

原産地：中国湖北省　流通名（属名）：プリムラ

●形態　花期が12～4月で、卒業式や入学式の時期に満開になるので、学校でよく式場の装飾に用いられる。日光を十分に当てれば、花を咲かせ続ける。分類上は多年草だが日本では一年草のような扱いになる。栽培では、花や葉に水が直接かからないように留意する。●有毒成分と症状　プリミンを含み、ウルシ科と同様に、かぶれ原因のトップ級に位置付けられているほどなので、特に注意を要する植物である。葉が直接肌に当たるとかぶれて変色し、跡が消えないことがあるので、扱うときには手袋や長袖の服を使用した方がよい。

セイヨウサクラソウ（プリムラ）

葉

アオノリュウゼツラン（青の龍舌蘭）　*Agave americana*　キジカクシ科

原産地：メキシコ　流通名（属名）：アガベ

●形態　植物園や大学などの広い庭園に植栽されている。葉はアロエベラを巨大にした形で、先端と葉縁に鋭いとげがあるので、剪定時には十分な注意が必要。50年ほど経った株が開花するといわれ、開花株に出合うことがある。開花後に、大株が倒れて枯死する。この仲間から銘酒テキーラが造られる。●有毒成分と症状　有毒成分は不明。汁液が肌につくと蕁麻疹を生じて、痒みは10日前後続き、1年ほどは痒みが再発するという。

蕾

アオノリュウゼツラン（アガベ）

花　約50年株に咲く

花序

オオベニウチワ（大紅団扇）

Anthurium andreanum　**サトイモ科**

原産地：熱帯アメリカ　流通名（属名）：アンスリウム

花（一般的な形）

●形態　高さ70～80㎝前後の常緑多年草で、暑さには強いが寒さに弱い。葉は緑色で強い光沢があり、つけ根の付近は矢尻形になっている。花は真っ赤で強い光沢のあるハート形の仏炎苞から、棒状の尖った肉穂花序が突き出ている姿が印象的。濃い緑色の葉との対比が美しい。**●有毒成分と症状**　葉や茎の汁液に蓚酸カルシウムを含むので、皮膚のかぶれに要注意。

オオベニウチワ（アンスリウム）

花（珍しい形の花序）

葉

カイウ（海芋）

Zantedeschia aethiopica　**サトイモ科**

原産地：南アフリカ　流通名：カラー

ホワイトカラーの花

●形態　草丈80㎝前後の常緑の多年草で、花期は４～７月。紙をくるりと軽く巻いたような、ロート状の純白な仏炎苞の中心から肉穂花序が突き出るが、この形はサトイモ科の植物によく見る姿で、花序の上部に雄花、下部に雌花がある。仏炎苞は白以外のものもある。**●有毒成分と症状**　オオベニウチワに同じ。ふざけて仏炎苞を少しだけかじった人の体験談では、口内の激しい痛みが長時間続いて、ひどい目に遭ったという。

カイウ（カラー）

ホワイトカラーの葉

スパティフィラム

Spathiphyllum　**サトイモ科**

原産地：熱帯アメリカ

●形態　草丈50㎝前後の常緑多年草で、花期は４～６月と９～11月で、長い期間楽しめる。暑さに強く、寒さと直射日光に弱い。白い仏炎苞の前面に棒状の花序が立つ。深緑色で光沢のある葉との対比が美しい。**●有毒成分と症状**　蓚酸カルシウムによりかぶれる。

スパティフィラム

花

葉

開花中の株

オウゴンカズラ（黄金葛）

Epipremnum aureum　**サトイモ科**

原産地：東南アジア　流通名：ポトス

●形態　南太平洋ソロモン諸島の原産で、常緑の蔓性多年草。日本では、葉の深い緑色や斑入りが好まれて、ホテルなどのフロアーで大きな鉢植えをよく見かける観葉植物。一方熱帯地方では、葉の長さ50㎝蔓の長さ10mにもなるそうで、まさにジャングルを形成する一員にふさわしい姿をしていると言えそうだ。挿し木やワイングラスの水に差しておくだけでも簡単に殖やせて管理は容易だが、寒さには弱い。**●有毒成分と症状**　全草に蓚酸カルシウムの結晶を含んでいるので、汁液による皮膚のかぶれや、結膜炎、口内炎などにかからないよう、植え替え作業時には注意を要する。

オウゴンカズラ（ポトス）

ホウライショウ（蓬莱蕉）

Monstera deliciosa　**サトイモ科**

原産地：メキシコ　流通名（属名）：モンステラ

●形態　市販品は高さ１m程度だが、節ごとに長い気根を伸ばして他物を這い上がり、生長の良いものは茎の直径５㎝高さ８m超になり、葉は幅80㎝長さ１mほどになるという。幼い葉は平面だが、生長にともなって、主軸の両側に切れ込みや多くの楕円状の穴があいて、おもしろい形になる。花は肉穂花序と仏炎苞を備えている。名前は怪物・モンスターにちなむ。**●有毒成分と症状**　トウモロコシ状に熟した果実はバナナに似た香りをもち、甘みがあるというが、蓚酸カルシウムを含み、皮膚のかぶれを引き起こす。未熟果を食べると口内炎や胃腸障害。

果実

ホウライショウ（モンステラ）

ニシキイモ（錦芋）

Caladium × hortulanam　**サトイモ科**

原産地：南アメリカ　流通名（属名）：カラジウム

●**形態**　高さ40㎝前後で、夏場の観葉植物として親しまれる球根植物。葉は矢尻形で非対称形の薄く大きなハート形、色や斑に変化が多く鮮やかで美しく目立つ。花はサトイモ科に共通の仏炎苞。熱帯アメリカ原産のため、暑さには強いが、冬の低温にはまったく弱いので温度管理が肝要。●**有毒成分と症状**　全草特に葉の汁液に、不溶性の蓚酸カルシウムの針状結晶を含み、接触すると皮膚がかぶれるだけでなく、口にすると口内炎、よだれ、下痢、胃腸障害などを起こすので要注意。

ニシキイモ（カラジウム）

ジンチョウゲ（沈丁花）

Daphne odora　**ジンチョウゲ科**

原産地：中国　生育環境：家庭や公園などに植栽

●**形態**　常緑の低木。花期は３月頃、上品な強い香りを放つ。花弁のように見える萼の外側が濃い紅色で、内側が白色の花が20個ほど球形に集まる。葉は濃い緑色で細長く、花のすぐ下に放射状に集まる。花全体が白色のものもある。日本にあるジンチョウゲは雄株が多くて、果実は普通つかないという。●**有毒成分と症状**　ダフネチンを含み、汁液に触れると皮膚炎を起こす場合がある。誤食すると口内炎や胃炎を起こす。

紫花

ジンチョウゲ

葉

白花

ショウジョウボク（猩々木） *Euphorbia pulcherrima* トウダイグサ科

原産地：メキシコ　流通名：ポインセチア

●形態　中央アメリカに分布する熱帯性の常緑樹で、自生地では４m前後に達する。花序の下につく葉の形をした苞葉の赤色が美しいが、和名はこの色を、大酒飲みで赤い顔をした伝説上の動物である猩々にたとえてついたという。●有毒成分と症状　茎や葉にフォルボールエステル、ユーフォルビンという毒成分を含み、汁液に触れると皮膚がかぶれて水疱ができることがあるほか、発がん促進作用のあることが最近わかった。

花

ショウジョウボク（ポインセチア）

包葉が白い品種

包葉がピンクの品種

ショウジョウソウ（猩々草） *Euphorbia heterophylla var. cyathophora* トウダイグサ科

原産地：ブラジル

●形態　和名の由来は前種と同じだが、こちらは高さ70㎝前後の一年草。茎の頂上部の中心についている苞葉は、食いちぎられたようなおもしろい形にくびれ、苞の朱色と葉の緑色の対比が美しい。花は茎の先端につくが、見栄えのしない点は、前種同様である。見頃は夏～秋で、サマーポインセチアとも呼ばれる。●有毒成分と症状　前種と同じ。切り花にして楽しむ際には汁液をつけないように要注意。

花と果実

ショウジョウソウ

葉

クロトン

Codiaeum variegatum **トウダイグサ科**

原産地：マレー半島、オーストラリア

●形態 日本では観葉植物として植木鉢で栽培される植物だが、太平洋諸島の原産地では、樹高が２mほどになる熱帯性の常緑低木。変葉木（へんようぼく）という和名をもつだけのことがあって、葉は赤や黄色、緑色などがまだら模様に複雑に混ざり合っていて美しい。葉の形も広葉、細葉、らせん葉、矛葉と多様である。**●有毒成分と症状** テルペンエステルを含み、皮膚につくと赤く腫れて水ぶくれを生じる。また、クロトンから抽出した油を１滴でも口にすると、口内や胃が熱をもち、激しい嘔吐、腹痛、下痢を起こす。

細葉のクロトン　広葉のクロトン

ハツユキソウ（初雪草）

Euphorbia marginata **トウダイグサ科**

原産地：北米

●形態 高さ80㎝前後の一年草で、茎の上方が枝分かれして、縁が白く彩られた葉を多数つける。これを、葉がうっすらと雪をかぶっている姿に見立てたもので、真夏の花園で人目を惹く。名前から冬を思わせるが花期は７～９月で、よく見ると頂の葉の間に、黄緑色で目立たないお椀状の花が咲き、果実もできている。**●有毒成分と症状** アルカロイドのフォルボールエステルを含み、茎や葉から出る汁液に触れるとかぶれる。汁液は不快な臭いがする。本種を切り花にした数時間後に、眼がしみて大変な思いをした人の体験談を読んだことがある。

ハツユキソウ

花と果実

ハナキリン（花麒麟）

Euphorbia milii　**トウダイグサ科**

原産地：マダガスカル

●形態　高さ50㎝前後の常緑低木。茎はサボテンの仲間のモクキリンに似て多肉質で鋭いとげが密生している。葉は３㎝ほどの楕円形で、生長すると落葉してとげに生え代わる。花は直径１㎝ほどの苞でできていて杯状をしている。花色は赤、白、黄、橙など多様。●有毒成分と症状　傷つけるとしみ出てくる汁液はジベルペン、フォルボールエステルを含み、肌がかぶれるほか嘔吐、下痢、胃痙攣、神経麻痺を起こすことがあるという。

ハナキリン

花

葉

ニシキジソ（錦紫蘇）

Plectranthus scutellarioides　**シソ科**

原産地：熱帯アジア　流通名：コリウス

ニシキジソ（コリウス）　左下は花、右下は株

●形態　高さ50㎝前後の一年生の観葉植物。穂状のシソ科の花序が伸び出るが、葉に比べると鑑賞の対象とはならない。鑑賞対象となる、卵円形をした葉の特徴は多様で、縁の切れ込みがないもの深いもの、色はオレンジ、黄色、えんじ色、ピンクなど、また縁取りのついたものなどと、じつに豊富である。鉢植えで販売されているが、露地植えでも育ち、種子まきや挿し芽で殖やせる。別名を金襴紫蘇（きんらんじそ）という。●有毒成分と症状　本種の仲間の植物は、中枢神経に作用するインドール・アルカロイドを含み、幻覚作用があり、メキシコ在住の一部の部族では宗教儀式に用いるという。日本で普及している品種では、幻覚アルカロイドは確認されないとされる。全草に、アレルギー原因物質であるジテルペンを含み、接触性皮膚炎を起こすことがある。

ミツマタ（三椏、三叉）

Edgeworthia chrysantha　**ジンチョウゲ科**

原産地：中国　生育環境：植栽されたものを見かける

●形態　高さ２ｍ前後になる落葉低木で、枝分かれは必ず３叉になる。繊維の質が優れているため昔から和紙の原料として重宝され、現在は、高額紙幣の原料として使用されている。３～４月に、葉が出る前に黄色や赤色の花が球形に咲く。萼は筒状で、先端が４つに裂けていて内側が黄色、外側には白い毛が密生している。かすかに甘い香りがある。**●有毒成分と症状**　クマリン配糖体を含み、誤食すると口内炎や胃炎を起こす。

赤花

ミツマタ　　黄花　　葉

チューリップ

Tulipa gesneriana　**ユリ科**

原産地：地中海東部、中央アジア

●形態　高さ60㎝前後の球根植物で、花のつくりとしては萼片と花弁が各３枚ずつ、雄しべ６本雌しべ１本が基本。5000以上もの品種が作り出されているとされ、花弁の色や枚数、形が豊富で、色は何でもあるという感じだが、花弁全体が青色の花は作出されていないという。**●有毒成分と症状**　アレルギー物質のツリパリンを含み、汁液によるかぶれや、誤食による嘔吐、下痢、心臓麻痺を引き起こす。

花後の幼果

花壇のチューリップ（鹿児島市健康の森公園）

花

葉

ユリズイセン（百合水仙）

Alstroemeria pulchella　**ユリズイセン科**

原産地：ブラジル北部　流通名（属名）：アルストロメリア

●**形態**　高さ１m前後に生長し、塊茎や地下茎で殖える多年草。花期は５～７月で、内と外の花被片３枚ずつをもち、花被の内側に黒褐色の縞模様がある。園芸植物としての改良が進んで多様な花が見られるが、人里近くの山道などには逸出したと思われる、原種系の素朴な色合いの株をよく見かける。●**有毒成分と症状**　ツリパリンを含み、汁液が皮膚につくと、過敏な人は皮膚炎を起こすというので要注意。

果実

ユリズイセン（園芸種）

花　園芸種（上）と逸出品（下）

葉

ヤドリフカノキ（宿り鱶の木）

Schefflera arboricola　**ウコギ科**

原産地：台湾、中国　流通名：カポック

●**形態**　観葉植物として鉢植えにされるほか、民家で生垣としての植栽も見られる。葉は小葉８枚ほどからなる掌状複葉、小葉は長さ10㎝ほどで短い柄がある。ホンコンカポックと称される品種が多く、単にホンコンとかカポックとも呼ばれている。葉には白斑が入るものとそうでないものがある。●**有毒成分と症状**　蓚酸カルシウムの結晶を含み、肌が敏感な人は汁液に触れるとかぶれによる痛みと痒みを生じる場合がある。

花

ヤドリフカノキ（通称：カポック）

果実

ノウゼンカズラ（凌霄花）

Campsis grandiflora **ノウゼンカズラ科**

原産地：東アジア、北米

●形態　蔓性の落葉樹で、気根で張り付いて他物を這い上がる。蔓の長さは４ｍ前後、葉は奇数羽状複葉で対生。６～８月に、直径６㎝ほどで花冠の先が５つに裂けた赤や橙色の漏斗状の花が円錐形に集まって咲く。アメリカノウゼンカズラやヒメノウゼンカズラも同様に植栽をよく見かける。**●有毒成分と症状**　ラパコールという弱い毒成分を含み、花の汁液で皮膚炎を起こし、眼に入ると炎症を起こすという。利尿作用などがあるとして、外国では薬草として扱われるが、日本では有毒植物扱いである。

葉

ノウゼンカズラ　花　果実

アメリカノウゼンカズラの果実　アメリカノウゼンカズラの花

アメリカノウゼンカズラ　ヒメノウゼンカズラ（撮影：市川聡氏）

ハナミズキ（花水木）

Cornus florida **ミズキ科**

原産地：北アメリカ

●形態　４ｍ前後の落葉小高木。葉は長さ10㎝ほどの卵状楕円形。春に、白〜赤色で花弁状の苞葉４枚からなる直径７㎝ほどの花が咲き、中心に10個ほどの本物の小花が集まる。果実は長さ１㎝ほどの楕円体で、数個が塊状にくっついていて秋に赤く熟す。別名をアメリカヤマボウシ、アメリカミズキともいう。日本では谷筋にヤマボウシが自生している。**●有毒成分と症状**　成分は不明だが、葉や果実が有毒。樹液や果汁に触れて皮膚のかぶれる人があるらしいので要注意。ヤマボウシの果実は甘くておいしいが、ハナミズキの果実は食べない方がよい。

ハナミズキ（別名：アメリカミズキ、アメリカヤマボウシ）

紅葉と蕾　果実　ヤマボウシの花（上）と果実（下）

メリケントキンソウ（メリケン吐金草）　*Soliva sessilis*　キク科

分布と生育環境：全国で校庭の芝生などに拡散中

●**形態**　地を這うように広がる、高さ５～10㎝前後の一年草。４～６月には開花と結実を終える。淡黄色の花が枝先に集まり、果実はカブトガニに似る。とげが刺さると思わず声を発するほど痛い。対策といえば芝生に素足で入ったり、直接すわったりしないことくらいか。時々靴底を確認して、果実運搬の仲介をしないよう心がけたい。よく似たシマトキンソウは無害で、葉のつき方が平面的で花（果実）は株の付け根付近につく。

果実はとげが痛い

メリケントキンソウ　果実は茎の途中につく

シマトキンソウと果実（右下。痛くはない）

ハリビユ（針莧）　*Amaranthus spinosus*　ヒユ科

分布と生育環境：東北以南の牧草地、畑、道路脇

●**形態**　熱帯アメリカ原産の、草丈１m前後になる一年草で、荒地や牧場に帰化している。植物自体は無毛で赤みがかっていて、葉は卵形で互生する。葉の脇や花序に隠れるように細く鋭いとげをもち、不用意につかむと刺さって痛い。花期は６～10月で、１株の種子数は数百万～数千万個ともいわれる。家畜が食べないので、牧場や草地では群落を作る。とげに毒を含むわけではないので痛みは一過性。

とげ

ハリビユ

葉

花序

トマトダマシ（トマト騙し）　*Solanum rostratum*　ナス科

分布と生育環境：関東以西の道路脇の空き地など

花

●形態　葉はウリ科のスイカに似ていて、縁に深い切れ込みがある。花は黄色で茎や葉には、著しくとげが多い。果実は球形で、とげがついている感じは、キク科のオナモミに似るが、とげは長くて先端は鉤状には曲がっていない。触れると刺さって痛いので、必要がなければ触れないことが一番。刺さってもチクリとくる一過性の痛みを感じるだけで、毒に起因する継続的な痛みは感じないので大事には至らない。

トマトダマシ　左下は果実

葉

外傷

キンギンナスビ（金銀茄子）　*Solanum aculeatissimum*　ナス科

分布と生育環境：関東南部～沖縄の荒地や道端

花

●形態　南米原産の高さ80㎝前後の多年草で、関東以南の日当たりの良い荒地や道端に帰化している。葉は直径12㎝程の卵円形で５ほどに中裂し、両面に剛毛、葉脈にとげがある。花期は６～８月で、茎の途中から出る短い柄に白い花弁の花を５個程咲かせる。果実は、未熟なうちは白色に緑色の筋が入るが、完熟すると赤橙色になる。有毒成分の有無は分からないが、とげが刺さると痛いので触れないことが一番。

キンギンナスビ

未熟果（上）と完熟果（下）

ワルナスビ（悪茄子）

Solanum carolinense　**ナス科**

分布と生育環境：関東地方〜沖縄の日当たりのよい草地

●**形態**　米国原産で高さ40㎝前後の多年草。葉は長楕円形で、葉縁が中くらいに２〜３対切れ込んで互生する。葉柄や葉面に鋭いとげが多数。花柄の先にナスに似た白〜淡紫色の花が10個ほどうつむき加減に咲く。果実は直径15㎜ほどで、黄橙色に熟す。ここでは、茎と葉に鋭いとげがあるので、触れると痛い目に遭うという視点で掲載したが、全草にソラニンという毒成分を含み、誤食すると下痢や腹痛を引き起こす。

果実（未熟）

ワルナスビ

花

葉

ジャケツイバラ（蛇結茨）

Caesalpinia decapetala var. japonica　**マメ科**

分布と生育環境：本州〜南西諸島の川岸や林縁

●**形態**　高さ２mほどの蔓性落葉低木。葉は２回偶数羽状複葉で８対ほどの羽片をつけ、各羽片には10対前後の小葉がつく。平らに開く黄色の５花弁のうち上側の１枚だけに、きれいな赤い筋が入る。植物全体に鋭い逆刺が数多くついている。遠目にも目立つので近寄り、花が美しいので、思わず一枝折り取りたくなるが、不用意に手出しをすると痛い目に遭う。種子にはタンニンを含み、もしも食べると嘔吐などを起こす。

両性花

ジャケツイバラ（花序）

枝

果実と種子

葉（偶数羽状複葉）

サルトリイバラ（猿捕り茨）

Smilax china　**サルトリイバラ科**

分布と生育環境：北海道〜九州の林縁

●形態　茎は蔓性で鉤状のとげがつき、それを引っかけたり葉柄の巻きひげを絡ませたりして、林縁などで他の植物を這い上がる。葉の裏は粉白色で果実は赤熟する。秋に完熟した果実が美しいので、蔓をリースにして飾る人を見かける。競って採取しようとした結果、手袋ごととげに捕まって悲鳴をあげている。仲間のサツマサンキライ（薩摩山帰来）は葉裏が緑色でやや細長く、海岸近くに生えるハマサルトリイバラにはとげがなく、両種とも果実は黒く熟す。他に、バラ科の植物など有刺の植物は多数ある。

果実

雄花

雌花

サルトリイバラ

葉（通常はもっと粉白色）

茎のとげ

スギ（杉）

Cryptomeria japonica　**ヒノキ科**

分布と生育環境：本州北端〜屋久島の山林内

●**形態**　日本固有の常緑針葉樹で、全国各地に地域特産のスギの銘木が自生している。高さ50mにもなる常緑高木で、比較的水分の多い場所を好むので、植林では谷間に植える。花は雌花と雄花に分かれ、風媒花のため、１〜４月を中心に大量の花粉を飛ばす。日本における№１の花粉症原因植物と考えられている。林野庁は近年、現在のスギの人工林を伐採して、花粉の少ない苗木に植え替える方針を発表した。

球果

スギ　　右上は雄花（中に大量の花粉が詰まっている）、右下は大量に花粉を飛ばしている様子

ヒノキ（檜）

Chamaecyparis obtuse　**ヒノキ科**

分布と生育環境：福島県〜鹿児島県の山林内

●**形態**　高さ30m超になる常緑の高木。花粉の飛散時期はスギの花粉飛散に続き５〜６月。くしゃみが多い場合はスギ花粉、体の痒みがひどい場合はヒノキ花粉によるといわれる。前年の夏の日射量が多く降水量が少ないほど、翌春の花粉の生産量が多くなる傾向があるという。高級建材として利用され、檜風呂などでも親しまれている。古都の御所や由緒ある建築物の屋根は、ヒノキの皮を重ねた「檜皮葺（ひわだぶき）」が多く採用されている。

雄花

ヒノキ　　球果

オオバヤシャブシ（大葉夜叉五倍子）

Alnus sieboldiana　**カバノキ科**

分布と生育環境：関東南部～和歌山県の太平洋側の海岸近くの山地～丘陵

●形態　高さ10m前後になる雌雄異花の落葉高木。葉は長卵形で縁に重鋸歯があり、14対前後の側脈が平行に走ってすっきりして見える。枝の先端から葉、雌花序、雄花序の順でつき、雌花序は上向きに、雄花序は無柄で葉の腋に１個ずつ垂れてつく。霧島町牧園で撮ったが、分布域から考えて、植栽されたものと思われる。近年、花粉が花粉症の原因になることがわかってきた。開花時期が早く、３月頃から花粉を飛ばす。

果実

雄花と雌花（先端部）

葉

カモガヤ（鴨茅）

Dactylis glomerata　**イネ科**

分布と生育環境：全国の日当たりのよい牧草地や道端

●形態　高さ１mほどの多年草。世界で最も栽培されている牧草で、日本でも栽培されるほか野生化している。開花期は６～８月。カモガヤは花粉の飛散距離が数十mほどと短いらしいので身近で気付いたら、開花前に穂を抜きとるのも対策のひとつ。それができなければ、近づかないことが最善の策か。イネ科の花粉症原因植物の第一に挙げられ、日本での花粉症原因植物の№２にランク付けされている。

果実

カモガヤ

花

葉

スズメノテッポウ（雀の鉄砲）

Alopecurus aequalis　**イネ科**

分布と生育環境：北海道〜九州の水田や畦道など

●形態　高さ30cm前後の一年草で地下茎はない。葉の基部は鞘になっていて茎を包む。春に茎の上部に４cmほどの棒状の穂が出て、葯（やく）（花粉袋）は茶色。よく似たセトガヤの葯は白色。と書かれてはいるが、必ずしもそうとは限らないように見える。イネ科植物の花粉による花粉症の症状は、スギ、ヒノキ同様の鼻や目の症状に加えて、皮膚の痒みなどの全身症状が出やすいのが特徴という。

花穂（葯は茶色）

スズメノテッポウ

葉

セトガヤ　花穂（葯は白色）

ホソムギ（細麦）

Lolium perenne　**イネ科**

分布と生育環境：欧州原産で帰化して草地に雑草化

●形態　茎の高さ50cmほどの多年草で、葉身は幅３mm、長さ15cm前後。全体が無毛で滑らか。穂の長さは20cm前後で、通常は穎（えい）に芒（のぎ）はつかない。よく似たイヌムギの穎には３mmほどの芒がある。開花期は４〜５月で、４月中旬から花粉飛散のピークを迎える。明治時代初期に牧草として輸入されたものが、全国各地に野生化している。家畜が好み、栄養価も高いので広く栽培されたものが、逸出して各地の草原に普通に見かけるようになっている。ほかにネズミムギなどイネ科の植物はどれも花粉症に関係があるようだ。

イヌムギ　株

イヌムギ　穂

ホソムギ　穂

ブタクサ（豚草）

Ambrosia artemisiifolia　キク科

分布と生育環境：全国の河原や道端

●形態　明治初期に渡来した帰化植物。高さ１mほどで、遠目にはヨモギに似て見える大株の一年草。ヨモギに比べて葉は軟らかくて２〜３回羽状に分かれている。花期は８〜10月頃で、花粉を大量に蓄えた黄色い小花が集まって房状に連なる。スギの原産地日本では春先の花粉症が問題だが、ブタクサの原産地のアメリカでは、国民の15%ほどが、ブタクサとオオブタクサ由来の花粉症で悩むという。

果実

ブタクサ　株

花序

葉

オオブタクサ（大豚草）

Ambrosia trifida　キク科

分布と生育環境：北海道〜九州の河原や道端　別名：クワモドキ

●形態　高さ２m前後の一年草で、葉は細かく分かれるブタクサとは異なり、長さ25㎝前後の葉身が掌状に３〜５裂していて、両面がざらつく。花期は８〜９月。雄花は多数集まって長い穂状の花序になって、雌花はその基部付近につく。花粉症を引き起こすということでは、ブタクサと共にだいぶ昔から聞いていた植物のひとつ。日本での花粉症の原因植物としては、統計上これらが№３らしい。

花序

オオブタクサ　株

葉

ヨモギ（蓬）

Artemisia indica var. maximowiczii　**キク科**

分布と生育環境：全国の畑の土手や草地

●**形態**　高さ１mほどになる多年草で、嫌われるだけのブタクサやオオブタクサと異なり、薬草や食用として広く親しまれ利用されている。摘み草をする春のヨモギの若葉はよく知っていても、夏以降の細かく切れ込んだ葉を見ると一瞬戸惑う人があるくらい、見た目が変化する。夏から秋にかけて目立たない風媒花を咲かせ、風で花粉を飛散させる。花粉の飛散時期は、東北以北で８～９月、九州では９～10月。ヨモギ花粉症は、セロリアレルギーを合併することが多く、果物過敏症を起こすという。

ヨモギ　　葉　　花序（風媒花）

ギシギシ（羊蹄）

Rumex japonicus　**タデ科**

分布と生育環境：全国の道路脇や草地、田の畦など

●**形態**　高さ１m超で大株になる雌雄同株の多年草。根元に生える葉は長さ25㎝ほどで、長い柄があり、基部はハート形。茎の上部につく葉にも短柄があり、花期は６～８月で、花弁のない緑色の小花が輪生状に多数集まってつき、株を揺すると多くの花粉が飛散する。よく似たスイバ（スカンポ）は、茎上部につく葉が無柄で、茎を抱くので見分けがつく。ヒメスイバは、葉身の基部が矛形をしている。いずれも、若葉は山菜とする。

花

ギシギシ　茎葉にも柄がある

果実

スイバ　茎葉は茎を抱く

ヒメスイバの葉（矢尻形）

カナムグラ（鉄葎）

Humulus japonicus　アサ科

分布と生育環境：全国の河原、原野、道路脇などの荒れ地

●形態　雌雄異株の蔓性の一年草で、茎や葉柄には下向きに多くのとげがつく。蔓が丈夫なことから、和名に鉄の文字を含む。葉は直径10㎝ほどで5～7に深く切れ込んでいて、葉面は粗い毛でひどくざらつく。花期は9～10月で、淡緑色の雄花は25㎝程に立った円錐の花序に大量につき、風に揺れて花粉を飛ばす。雌花は垂れた短い花序にかたまってつき、緑色から紫褐色へ変化する。万葉集の「ヤエムグラ」は本種のことらしい。

果実

カナムグラ

雄花（上）と雌花（下）

葉

カラムシ（茎蒸し）

Boehmeria nivea var.niponomivea　イラクサ科

分布と生育環境：北海道～九州の草地や山地

●形態　茎の高さ1.5m前後になる落葉性多年草。茎の繊維はとても丈夫で、刃物なしでは折り採れない。物資不足の戦中には茎の繊維が衣服の材料とされたが、木綿が普及してからは忘れられた。イラクサのような痛いとげはなく、ヤギやウサギの大好物。葉は長さ15㎝ほどで裏が白いので、仲間のイラクサ科の植物との区別は難しくない。8～10月に、茎に沿ってこぼれるほどに花が咲いて、かなりの量の花粉を飛ばす。

果実

カラムシ

雄花（上）と雌花（下）

葉

索引（50音順）

※（　　）は無害な植物

【ア】

【カ】

【サ】

【タ】

【ナ】

【ハ】

【マ】

【ヤ】

【ラ】

【ワ】

参考文献

井越和子監修「最新花屋さんの花図鑑」主婦の友社
植松黎 「毒草を食べてみた」 第13刷 文藝春秋 2013年
大場秀章 「植物分類表」 アボック社 2011年
岡本美孝監修 「花粉症の知識と予防対策」 病院の持ち帰り資料
鹿児島県保健福祉部薬務課 「自然薬草の森」 鹿児島県
鹿児島県薬剤師会 「薬草の詩」 南方新社
厚生労働省 「過去10年間の有毒植物による食中毒発生状況」
厚生労働省 「自然毒のリスクプロファイル」 2013年
佐竹元吉 監修 「日本の有毒植物」 Gakken 2013年
塚本洋太郎 総監修 「園芸植物大事典」 小学館 1994年
壷井栄 「私の花物語」 筑摩書房 1953年
土橋豊 「園芸有毒植物図鑑」 淡交社 2015年
土橋豊 「園芸活動において注意すべき有毒植物について」
　甲子園短期大学紀要32 2014年
内藤喬 「鹿児島民俗植物記」 鹿児島民俗植物記刊行会 1964年
中井将善 「毒草100種」金園社 2011年
初島住彦 「改訂 鹿児島県植物目録」 鹿児島植物同好会 1986年

協力者（50音順、敬称略）

〈写真提供〉

市川聡（イワタイゲキ、ウラシマソウ、キンギンナスビ、クンシラン、トウワタ、ヒメノウゼンカズラ）、大工園認（カラスビシャク、タカトウダイ、タンナトリカブト、ナツトウダイ、ナガバハエドクソウ、ホウチャクソウ、ホソバシュロソウ、ヤブタバコ、タヌキマメ）、中村進（ドクウツギ、バイケイソウ、ハシリドコロ、ミズバショウの花）、中西収（コバイケイソウ、 ミズバショウの果実）

〈植物の情報提供、撮影協力など〉

石野宣昭、門田信一、川原らん子、七枝良子、野間口徹（以上、姶良市）、杉本正流（伊佐市）、川村むつ子、慶田周平・美保子、大工園認、濱田英昭、平田浩、山﨑重喜（以上、鹿児島市）、桑畑さん（湧水町）、鹿児島県自然薬草の森（霧島市：打越義文、鮫島順一、前田順子）、川邉恭右・真澄（熊本県八代市）、川原健一郎（千葉県）

ご協力ありがとうございました。

著者プロフィール

川原勝征（かわはら　かつゆき）

1944年　鹿児島県姶良市加治木町に出生
1967年　鹿児島大学教育学部卒業
　　　　（以降、2005年３月まで県内公立中学校７校で理科の教諭）
2005年　定年退職
以後
・鹿児島大学教育学部・大学院理工学研究科非常勤講師（2007〜2014年度）
・理科支援員（鹿児島県日置市　2008〜2014年度）
（所属）
・日本シダの会・うるし里山ミュージアム・鹿児島植物同好会
・環境省「モニタリングサイト1000里地調査」調査員(Core site：姶良市漆)

【主な著書】すべて南方新社刊
『霧島の花　木の花100選』（1999）『屋久島　高地の植物』（2001）
『新版　屋久島の植物』（2003）『野草を食べる』（2005）
『万葉集の植物たち』（2008）『南九州の樹木図鑑』（2009）
『九州の蔓植物』（2012）『植物あそび図鑑』（2013）
『食べる野草と薬草』（2015）ほか

【現住所】
〒899-5652　鹿児島県姶良市平松4271-1　TEL 0995-66-1773
メールアドレス　kenkouwan@yahoo.co.jp

装丁　鈴木巳貴

毒毒植物図鑑

発行日——2017年７月30日　第１刷発行

著　者——川原勝征

発行者——向原祥隆

発行所——株式会社 南方新社
〒892-0873 鹿児島市下田町292-1
電　話 099-248-5455
振替口座 02070-3-27929
URL http://www.nanpou.com/
e-mail info@nanpou.com

印刷・製本——モリモト印刷株式会社

乱丁・落丁はお取り替えします

ISBN978-4-86124-365-3　C2645

山菜ガイド
野草を食べる

川原勝征著　A5判　157Ｐ　オールカラー　定価（本体1,800円＋税）

おいしい!　アクも辛みも大歓迎!
身近な野山は食材の宝庫。
人気テレビ番組「世界の果てまでイッテQ」でベッキーが、本書を片手に無人島に行った。

タラの芽やワラビだけが山菜じゃない。ちょっと足をのばせば、ヨメナにスイバ、ギシギシなど、オオバコだって新芽はとてもきれいで天ぷらに最高。採り方、食べ方、分布など詳しい解説つき。ぜひ、お試しあれ。
【おもな掲載種紹介】オランダガラシ・タネツケバナ・タンポポ・フキのとう・ヨメナ・セリ・ギシギシ・スイバ・ノビル・オオバコ・ヨモギ・ツワブキ・ツユクサ・ミツバ・イタドリ・ツクシ・ワラビ・ゼンマイ・筍のなかま・タラノキ・ウド・クサギほか

自然の恵み　暮らしの知恵
食べる野草と薬草

川原勝征著　A5判　137Ｐ　オールカラー　定価（本体1,800円＋税）

身近な植物が、食べものにも薬にも!

ナズナ、スミレ、ハマエンドウなど、おいしく食べられる植物。そして薬にもなる植物。その生育地、食べ方、味、効能などを詳しく紹介。
身近な植物を知り、利用して、暮らす知恵を磨く一冊です。

■内容

【食べられる植物】
●シダ植物（クサソテツ、クワレシダ、タイワンコモチシダ、オオタニワタリ）
●主に早春から初夏に、葉や茎や花を食べる植物（ナズナ、ノアザミ、スミレ、シロツメクサ、ハマエンドウほか）●主に秋以降に、果実や種子を食べる植物（ムクノキ、オニグルミ、ナツメ、ツルコウゾ、イチイガシほか）
【民間薬として利用されてきた植物】
●葉をあぶったり焼酎に漬けたりして、患部につける（クチナシ、カタバミ、ドクダミ、ヘビイチゴ、ユキノシタほか）●主に健康茶として飲む（ハマスゲ、キランソウ、スイカズラ、ビワ、センブリほか）

野草86種
薬草30種

大好評『野草を食べる』姉妹本

ご注文は、お近くの書店か直接南方新社まで（送料無料）。
書店にご注文の際には必ず「地方小出版流通センター扱い」とご指定下さい。